MALADIES CONTAGIEUSES

DES

ANIMAUX NUISIBLES

LEURS APPLICATIONS EN AGRICULTURE

Par Jean DANYSZ

ATTACHÉ A L'INSTITUT PASTEUR

DIRECTEUR DU LABORATOIRE DE PARASITOLOGIE DE LA BOURSE DE COMMERCE

Prix : 2 fr. 50

BERGER-LEVRAULT ET Cⁱᵉ, ÉDITEURS

PARIS   NANCY

5, RUE DES BEAUX-ARTS   18, RUE DES GLACIS

1895

MALADIES CONTAGIEUSES

DES

ANIMAUX NUISIBLES

NANCY. — IMPRIMERIE BERGER-LEVRAULT ET Cⁱᵉ.

ANIMAUX NUISIBLES A L'AGRICULTURE

1895   (Extrait des *Annales de la Science agronomique*, t. I. 1895)   Fasc. 1

MALADIES CONTAGIEUSES

DES

ANIMAUX NUISIBLES

LEURS APPLICATIONS EN AGRICULTURE

Par Jean DANYSZ

ATTACHÉ A L'INSTITUT PASTEUR

DIRECTEUR DU LABORATOIRE DE PARASITOLOGIE DE LA BOURSE DE COMMERCE

Prix : 2 fr. 50

BERGER-LEVRAULT ET Cie, ÉDITEURS

PARIS | NANCY
5, RUE DES BEAUX-ARTS | 18, RUE DES GLACIS

1895

LES
MALADIES CONTAGIEUSES

DES

ANIMAUX NUISIBLES

ET

LEURS APPLICATIONS A L'AGRICULTURE

----------------◄•►----------------

IMPORTANCE DES PERTES ET ORGANISATION DES MOYENS
DE DÉFENSE

Les pertes occasionnées par les animaux nuisibles se chiffrent par centaines de millions. Le hanneton et sa larve, le ver blanc, détruisent annuellement, d'après les évaluations de M. L. Grandeau, pour 300 millions de francs de récoltes, les mulots et les campagnols en enlèvent presque autant, la noctuelle des moissons et le nématode ne laissent parfois rien sur les champs de betteraves; les innombrables espèces de pucerons, dont le phylloxéra est le plus redoutable, ravagent les vignes et les arbres fruitiers; le charançon, l'éphestia et plusieurs espèces de mites s'attaquent aux grains et aux farines; enfin, les champignons parasites, les moisissures, qui s'attaquent indifféremment à toutes les substances alimentaires dans les champs et dans les magasins, complètent la série de ces pertes et ravages, dont le total atteint certainement, s'il ne dépasse pas, le quart de toutes les récoltes.

Abandonner ces richesses aux parasites, c'est perdre en grande partie la plus-value en récoltes que l'agriculture espère obtenir par la culture intensive, et naturellement plus cette culture devient coûteuse, plus considérables et plus sensibles deviennent en même temps les pertes.

Ce serait, en effet, une grave erreur que de croire que, dans les pays infestés d'une façon chronique par les campagnols, les vers blancs, ou tout autre insecte, on obtiendra des rendements plus forts au moyen des semailles plus intenses et des amendements appropriés. Le cultivateur se dit qu'en semant deux quintaux de blé par hectare au lieu d'un et en ajoutant au fumier des phosphates et des nitrates, il fera la part du feu et obtiendra tout de même une belle récolte.

Malheureusement ce raisonnement est loin d'être juste. Les parasites de l'agriculture, les insectes comme les rongeurs, se plaisent bien davantage dans les terres fertiles et dans une végétation riche et luxuriante que dans les terres maigres où il n'y a que peu de chose à manger.

Les animaux qui vivent aux dépens de nos récoltes se développent d'autant mieux et deviennent d'autant plus nombreux qu'ils trouvent une nourriture plus abondante, c'est un fait bien reconnu aujourd'hui. D'autre part, la culture répétée d'une denrée sur le même champ favorise le développement de certaines espèces d'insectes qui, trouvant toujours une nourriture abondante, se multiplient d'une façon tout à fait anormale. Le bénéfice des cultures intensives devient ainsi fort souvent illusoire. Il faut donc se défendre contre les animaux nuisibles et cette défense, qui amènera la diminution progressive des pertes, doit être conduite d'une façon tout aussi méthodique, elle mérite tout autant d'intérêt et de soins que l'ensemble des moyens mis en jeu par l'agriculture moderne pour augmenter le rendement de la terre.

La science met chaque jour entre nos mains des moyens de défense nouveaux ; on n'a qu'à les mettre à profit et donner à cette défense contre les animaux nuisibles l'organisation conforme à l'importance des intérêts engagés.

Les résultats deviendront certainement très vite appréciables ; mais il ne faudrait pas croire pourtant que le mal sera enlevé du jour au lendemain comme avec une baguette magique.

De même que pour amender une terre et en augmenter le rendement, il faut, pour défendre les récoltes et diminuer les pertes, des efforts persistants et soutenus; mais combien peu de chose seront ces efforts en comparaison avec le résultat final !

Prenons, pour fixer les idées, comme exemple une ferme de 50 hectares de bonnes terres fortes cultivées en blé et en prairies artificielles, comme on en rencontre beaucoup dans les départements de l'Est. — Supposons cette ferme infestée par les campagnols, qui causent, au bas mot, une perte moyenne de 20 fr. par hectare, soit 1 000 fr. par an. Cela fera pour un bail de 12 ans une perte totale de 12 000 fr.

Or, avec une dépense de 5 fr. au maximum par hectare, tous frais compris, continuée pendant deux années, on peut détruire tous les campagnols et pour toujours. La dépense pour la destruction de ces animaux s'élèvera donc à 250 fr. par an, soit à 500 fr. en tout, au maximum. Le fermier aura, par conséquent, réalisé de ce chef, au bout de 12 années, un bénéfice de 11 000 fr. en chiffres ronds.

On pourrait en dire autant des vers blancs, des noctuelles, nématodes, etc., dans les champs, des éphestias dans les moulins, des charançons dans les greniers et les granges, etc., etc.

La recherche des moyens de destruction des animaux nuisibles est une science qui demande tout autant d'application et mérite tout autant d'intérêt que toute autre branche des sciences agronomiques. Elle mérite d'être tout autant répandue et vulgarisée, et, une fois bien appliquée, elle permettra au cultivateur de profiter réellement des amendements et des améliorations coûteuses qu'il s'efforce d'introduire dans la préparation de ses terres pour en augmenter le rendement.

Comme nous le verrons plus loin, l'emploi rationnel des virus, c'est-à-dire des microbes des maladies contagieuses qui se déclarent spontanément chez les animaux nuisibles, peut donner aux cultivateurs des armes défensives bien plus efficaces en même temps que plus simples et moins coûteuses que tous les moyens de destruction préconisés antérieurement.

On a remarqué, en effet, qu'en règle générale, les insectes et les rongeurs, quand ils apparaissent en grandes masses, finissent par succomber à des maladies contagieuses. Les grandes agglomérations de ces animaux favorisent le développement des microbes pathogènes, champignons ou bactéries.

C'est ainsi que les *Cleonus punctiventris* qui ravagent les cultures de betteraves à sucre en Russie sont régulièrement décimés par la *muscardine verte* (1). En Amérique, le développement d'un petit hémiptère (*Blissus leucopterus*, punaise des blés) qui ravage les cultures des céréales, est constamment modéré par le développement simultané de plusieurs microbes pathogènes et notamment du *Sporotrichum globuliferum* (2). En 1892 et 1893, des milliers d'hectares de forêts ont été complètement effeuillées, en Allemagne, par les chenilles de la nonne (*Liparis monacha*). Malgré tous les moyens employés, l'invasion allait toujours en augmentant en étendue et en intensité, quand brusquement une épidémie de flacherie s'est déclarée spontanément et a détruit tous ces insectes en quelques semaines (3).

En France, depuis que l'on connaît la maladie des vers blancs causée par l'*Isaria densa*, on découvre un peu partout des épidémies spontanées dues à ce champignon (4).

Malheureusement, les épidémies n'interviennent spontanément qu'au moment où l'invasion est arrivée au maximum de son intensité, c'est-à-dire après la destruction plus ou moins complète des cultures envahies ; aussi, ces épidémies ne deviendront-elles réellement intéressantes pour l'agriculture que, quand il sera possible de les réglementer, de les provoquer à volonté au moment le plus opportun.

Un assez grand nombre d'essais d'infection artificielle ont été tentés depuis quelques années.

Pour les rongeurs, ces essais ont été presque partout couronnés de succès ; des régions entières ravagées antérieurement par les mulots ou les campagnols, en sont aujourd'hui complètement débarrassées (5).

Les tentatives de destruction des insectes au moyen des champignons entomophytes ou des bactéries ont été jusqu'à présent moins heureuses.

Toutefois, comme nous le verrons plus loin, un certain nombre de ces tentatives ont donné des résultats très encourageants (v. p. 68 et suivantes) et ces résultats nous autorisent à espérer que de nouvelles recherches expérimentales conduites avec méthode, nous feront connaître les conditions dans lesquelles il faut opérer pour atteindre les insectes nuisibles aussi facilement et avec autant de succès que les rongeurs.

CHAPITRE PREMIER

LES MALADIES DES RONGEURS NUISIBLES

(Campagnols, mulots, souris et rats)

Les campagnols font le désespoir des cultivateurs depuis que l'on cultive la terre. Dès la plus haute antiquité, dans l'ancienne Grèce surtout, ces petits rongeurs ont acquis une célébrité presque aussi triste que les vols de sauterelles en Égypte. On les rencontre dans toute la zone tempérée et même dans les régions froides de l'Asie, de l'Europe et de l'Amérique, où ils sont, de tous les mammifères, certainement les plus nombreux.

En France, où on les confond généralement avec les rats et les souris sous le nom de *mulots,* on en connaît quatre espèces et plusieurs variétés.

Le campagnol des champs (*Arvicola agrestis* ou *arvalis*), le plus répandu de tous, occupe les riches plaines de l'Est, du Nord-Est d'une part, celles du Sud-Ouest et plus particulièrement la région comprise entre Paris, Bordeaux et Nantes d'autre part.

Le campagnol souterrain (*A. subterraneus*) préfère les plaines basses aux régions montagneuses. En France, il habite surtout les prairies humides, les vallées boisées au pied des montagnes et les prés salés au bord de la mer.

Le campagnol roussâtre (*A. rutilus*) est une espèce plutôt montagnarde. On le rencontre dans le massif des Alpes et des Pyrénées où il s'élève jusqu'à la limite des neiges perpétuelles ; on le trouve aussi sur les hauteurs du Languedoc et du Roussillon.

Enfin, nous avons encore, répandue dans toute la France, la plus grande espèce en genre *Arvicola*, le campagnol amphibie ou rat d'eau qui habite les berges des cours d'eau et des étangs.

Les deux premières espèces qui habitent et nichent dans des galeries souterraines, parfois très étendues et profondes, sont aussi les seules réellement dangereuses aux récoltes. Dans les régions où il y en a, une invasion est à craindre chaque année et alors toutes les récoltes sont ravagées.

Ils apparaissent presque subitement, vers la fin de l'été, en légions innombrables, ne respectant ni les plantes fourragères, ni les céréales et s'attaquant même aux vignes et aux jeunes arbres dont ils rongent l'écorce et les racines.

Dans le courant de ce siècle on a gardé, en France, la mémoire de neuf grandes invasions de campagnols. — En 1801, toute la France septentrionale et centrale fut ravagée ; les départements de la Vendée, des Deux-Sèvres et de la Charente-Inférieure perdirent presque toutes leurs récoltes. Une commission nommée par l'Académie des sciences pour constater les dégâts causés, releva pour quinze communes seulement du département de la Vendée une perte de 3 millions de francs. — En 1822, 32, 56, 63, 67, 72, 80 et 84 et enfin en 1892 il y avait des invasions partielles ou générales qui ont occasionné des pertes se chiffrant par 10, 15 et même 20 millions par département.

La question de la destruction des campagnols était donc de tout temps d'une importance capitale pour l'agriculture, et on peut même affirmer qu'elle devient chaque année plus importante. Nous n'avons vu, en effet, que trois grandes invasions dans la première moitié de ce siècle, cinq invasions entre 1850 et 1880, et trois dans la dernière douzaine d'années. Il semblerait donc que ces invasions deviennent de plus en plus fréquentes et comme la valeur de la terre, les frais d'exploitation et de culture deviennent en même temps chaque année plus élevés, les pertes le deviennent, par conséquent, aussi dans la même proportion.

L'étude de cette question a donc été l'une des premières dont a eu à s'occuper le Laboratoire créé à la Bourse de commerce de Paris dans le but spécial d'étudier les moyens pratiquement applicables pour défendre les cultures contre les animaux nuisibles.

Nous avons dit plus haut que les campagnols se montrent toujours presque subitement vers la fin de l'été; or quelles sont les causes de ces apparitions subites? de quelle façon se produisent les invasions aussi intenses et parfois aussi générales à certaines époques?

C'est ce qu'il fallait d'abord bien établir pour chercher un moyen de défense rationnel et radical.

On a admis pendant bien longtemps — et cette opinion est encore aujourd'hui généralement accréditée chez les cultivateurs — que les campagnols sont des animaux migrateurs; et, en effet, quand on observe la vie de ces rongeurs dans une région déterminée pendant plusieurs années de suite, on voit leur nombre augmenter et diminuer en certaines saisons et en certaines années sans aucune transition apparente. Peu nombreux au printemps, on les voit parfois apparaître en légions innombrables en septembre et octobre et disparaître complètement en décembre; la croyance à des invasions subites suivies par des émigrations en masse semblait donc très admissible.

Or, d'après les recherches de Crampe, confirmées par celles de Ritzema Bos et par nos propres observations, on peut toujours admettre avec certitude que, quel que soit le nombre de campagnols dans une région à un moment donné, ils sont tous nés sur place.

Ils s'étendent bien d'un champ sur d'autres champs voisins en les envahissant progressivement dans toutes les directions et formant, pour ainsi dire, des taches de plus en plus larges, mais n'émigrent jamais au loin en troupes nombreuses, comme, par exemple, les lemmings en Scandinavie ou les tamias et spermophiles (marmottes de Sibérie) qui descendent par centaines de millions des hauteurs de l'Oural et envahissent les plaines de la Russie orientale.

L'intensité et la rapidité de leurs invasions sont dues exclusivement à la fécondité incroyable de ces rongeurs, fécondité favorisée encore par la prépondérance numérique constante des femelles sur les mâles.

La saison des amours commence avec les premiers beaux jours de printemps, c'est-à-dire, dans nos régions, bien souvent en février; la femelle porte dix-huit jours et met bas cinq à sept petits, qui à deux mois sont déjà adultes et prêts à la reproduction. Dix à douze jours après la naissance des petits, les femelles peuvent s'accoupler à nouveau, de sorte qu'un couple de campagnols, en supposant que le premier accouplement ait lieu le 20 février, donnera dans le courant de la belle saison :

1a. — 20 février. Premier accouplement.

       8 mars. Première portée : 7 petits dont 5 femelles.

1b. — 20 mars. Deuxième accouplement.

       8 avril. Deuxième portée : 7 petits dont 5 femelles.

Nous aurons donc en avril 16 campagnols.

Les campagnols qui ont passé l'hiver donnent rarement plus de 3 portées dans le courant de la deuxième année ; ils meurent généralement au commencement de l'été.

La première portée (1a) du 8 mars donnera :

2a. — 8 mai. Premier accouplement, fin avril 16

    26 mai. 1re portée : 5 femelles dont chacune donnera 4 petits. . . 20 ⎞

2b. — 8 juin. Deuxième accouplement :   ⎟

    26 juin. 2e portée : 5 femelles dont chacune donnera 4 petits. . . 20 ⎬ 95

2c. — 26 juillet. 3e portée : 5 femelles dont chacune donnera 5 petits. . 25 ⎟

2d. — 16 août. 4e portée : 5 femelles dont chacune donnera 6 petits. . . 30 ⎠

   La portée 1b du 8 avril au 26 septembre donnera un nombre de petits égal à celui de la portée 1a, soit. 95

                       En tout 206

Ainsi, un seul couple adulte au mois de février peut donner en automne 206 descendants, auxquels peut venir encore s'ajouter la descendance des portées 2a (60 petits en juillet), 2b (60 petits en août); de sorte que, dans des conditions exceptionnellement favorables à leur reproduction, la descendance d'un seul couple peut dépasser le nombre de 350 individus dont, en moyenne, 250 femelles.

Dans un champ d'un hectare sur lequel il serait resté au sortir de l'hiver 150 campagnols, c'est-à-dire un nombre à peine appréciable, il y en aurait donc en juillet déjà plus de 10 000 et en septembre plus de 20 000 individus par le seul effet de leur multiplication normale.

Heureusement pour l'agriculture, les campagnols ont des ennemis naturels aussi nombreux que variés : les portées de septembre et d'octobre n'arrivent généralement pas en pleine vigueur avant l'entrée de l'hiver et les premières intempéries les font souvent périr presque complètement; les gelées tardives du printemps, quand elles surviennent brusquement après quelques jours d'un temps sec et doux, détruisent un grand nombre de femelles pleines et de petits nouveau-nés. Les oiseaux de proie et les petits mammifères carnassiers, tels que les taupes, les musaraignes, les hérissons, les petites belettes et même les renards leur font une chasse impitoyable pendant toute l'année. Enfin, quand en l'absence de ces différentes causes de destruction, ou malgré elles, le nombre des campagnols devient extrêmement grand en automne, la rapidité et l'intensité de leur multiplication devient elle-même la cause principale de leur disparition en masse.

En effet, quand ils deviennent extrêmement nombreux dans un espace donné, comme ils gaspillent encore plus qu'ils ne mangent, ils finissent presque toujours par manquer d'aliments substantiels; alors, affaiblis par une nourriture insuffisante, ils sont envahis à leur tour par des insectes et champignons parasites (puces, tiques, etc.) et enfin, ils sont décimés par des maladies épidémiques d'autant plus meurtrières pour eux qu'ils sont plus nombreux.

M. Ritzema Bos relate plusieurs cas d'épidémie charbonneuse parmi les campagnols en Allemagne; nous-même, nous avons eu l'occasion d'observer, depuis que nous nous occupons de cette question, une disparition presque complète de ces rongeurs à la suite d'une épidémie d'une nature spéciale qui s'est déclarée spontanément au commencement de l'hiver de 1892 dans une ferme du département de Seine-et-Marne, et qui s'est prolongée jusqu'en février de l'année suivante.

Bien que l'on n'ait constaté l'apparition spontanée de ces épidémies que dans quelques cas isolés, il est très probable que toutes les grandes invasions se terminent toujours ainsi. Il en résulte toujours une destruction naturelle de presque tous les campagnols dans la région infestée; aussi n'a-t-on jamais observé deux grandes invasions se suivant pendant deux années consécutives dans la même contrée.

Nous avons représenté l'évolution des campagnols dans un champ
ou dans une région par deux tableaux graphiques qui n'indiquent
bien entendu que des moyennes, mais donnent une idée très exacte
de l'augmentation et de la diminution successives de ces animaux
dans le courant d'une année et pendant une période de dix ans.

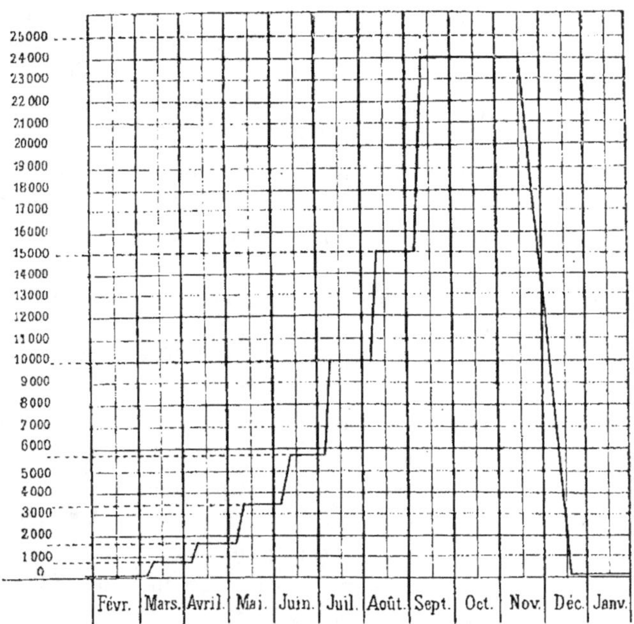

No 1. — Multiplication des campagnols en une année de grande invasion.

Sur le tableau n° 1 on voit 150 campagnols répandus sur un champ
en février se multiplier progressivement et augmenter en nombre
de mois en mois, atteindre en septembre le chiffre de 24 000 à 25 000
individus, rester dans ce champ jusque vers le milieu de novembre
et disparaître rapidement dans les derniers jours de novembre et en
décembre. La cause de cette brusque disparition a été, dans ce cas,
une épidémie spontanée.

Le tableau graphique n° 2 représente l'évolution des campagnols

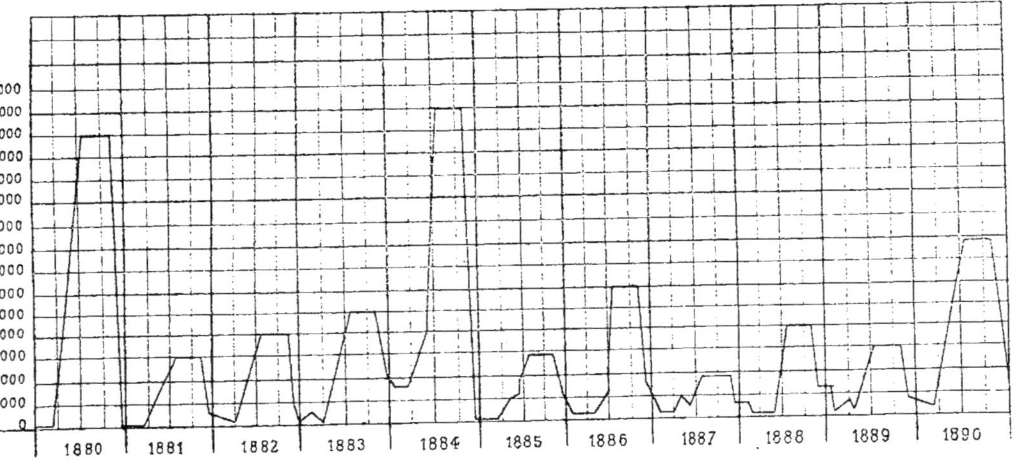

Nº 2. — Multiplication des campagnols dans le courant d'une période de 10 ans, de 1880 à 1890.

pendant une période de dix ans, de 1880 à 1890. Les deux grandes invasions en 1880 et en 1884 sont suivies, la première de trois années, la deuxième de six années pendant lesquelles le nombre des campagnols n'était pas bien considérable. On remarque également que l'année qui suit immédiatement une grande invasion est généralement plus pauvre en rongeurs que les années suivantes et que c'est du nombre des campagnols au printemps et de la température en avril que dépend principalement leur nombre en automne.

La nature nous fournit donc elle-même le moyen de défense le plus sûr et le plus rapide contre ces animaux par trop prolifiques ; malheureusement, les maladies contagieuses ne se déclarent spontanément que quand tout a été ravagé et mangé dans les champs envahis ; de plus, une épidémie spontanée n'est pas toujours sans danger pour les animaux de la ferme ou le gibier. Nous avons vu plus haut qu'on a observé en Allemagne des épidémies de charbon et rien ne s'oppose à ce que, dans d'autres cas, ces maladies ne soient dues à des microbes également pathogènes pour les animaux de la ferme et pour les petits rongeurs. Il peut donc en résulter une épizootie tout aussi désastreuse pour le cultivateur que le sont les campagnols eux-mêmes.

Pour s'en faire une arme défensive contre ces animaux, il faudrait donc réglementer, pour ainsi dire, ces épidémies : choisir celles qui ne peuvent être nuisibles qu'aux petits rongeurs et créer des foyers d'infection au moment le plus opportun pour prévenir les grandes invasions.

Des essais, déjà assez nombreux, d'application des cultures artificielles de microbes pathogènes à la destruction des animaux nuisibles ont donné des résultats très encourageants. Au mois d'avril 1892, M. Lœffler, professeur de bactériologie à Greifswald (Allemagne), a réussi à modérer une invasion des campagnols qui menaçait les récoltes de l'une des plus riches régions de la Thessalie, avec les cultures de son *bacillus typhi murium* qu'il a découvert sur les souris blanches de son laboratoire et qui s'est montré pathogène pour les campagnols (5). Peu de temps après, M. Laser, professeur de Königsberg, a décrit et essayé en grand un microbe qu'il considère comme différent et plus virulent que celui de M. Lœffler. En

France, nous avons eu l'occasion d'expérimenter et d'essayer en grande culture les microbes provenant de l'épidémie que nous avons observée et étudiée dans le département de Seine-et-Marne.

LE VIRUS N° 1

Le microbe que nous avons trouvé sur les campagnols morts de l'épidémie observée en Seine-et-Marne est un bacille le plus souvent court et gros, mais présentant des formes très variées et dissemblables suivant les milieux et les conditions de culture. On le trouve toujours dans le sang et dans tous les organes d'un animal mort de cette maladie. Il se développe très rapidement et en grande abondance dans tous les milieux nutritifs artificiels connus. Exposé à une température de 18 à 20 degrés, un ensemencement du sang, par exemple, donne des cultures très apparentes et abondantes en 24 heures. Cultivé sur gélose, il donne d'abord des colonies rondes qui s'étalent rapidement, se confondent les unes avec les autres et finissent par former une couche uniforme d'un gris sale, légèrement verdâtre. Exposée à une température de 12 à 18 degrés, la culture se développe progressivement pendant 15 jours environ, ensuite elle semble disparaître ; les microbes se colorent moins bien et apparaissent sous forme de petits corpuscules arrondis qui ne présentent pourtant pas les contours nets des vrais coccus.

Ils n'en sont pas moins bien vivants et on peut s'en convaincre aisément en grattant la surface avec un fil de platine et en réensemençant sur d'autres milieux.

Sur gélatine les cultures s'étalent moins, mais conservent, par contre, beaucoup plus longtemps leur apparence primitive.

Gardées à l'abri de la lumière et à une température ne dépassant pas 18 degrés, les cultures peuvent conserver leur virulence pendant très longtemps. A doses égales, les cultures de six et huit mois nous ont donné les mêmes résultats que les cultures de 8 ou 15 jours. Toutefois il n'en est pas toujours ainsi ; des cultures d'un mois nous ont donné quelquefois des résultats négatifs, de sorte que, dans la pratique, pour obtenir des résultats certains, on devrait employer de préférence les cultures de 8 à 20 jours.

L'action du virus n° 1 a été expérimentée sur toutes les espèces de souris et de campagnols connues en France : *Mus musculus, M. sylvaticus, M. rattus, M. decumanus, Arvicola arvalis, A. subterraneus, A. rutilus* et *A. amphibius*. Il s'est montré extrêmement virulent pour toutes les espèces de campagnols, pour les souris domestiques, les mulots des bois et des jardins et les rats noirs; — son action sur les gros rats gris est moins prononcée.

La maladie produite par ce microbe est toujours mortelle pour les petits rongeurs et extrêmement contagieuse, une simple cohabitation suffit pour que l'infection soit communiquée par un animal malade à tous ceux qui l'approchent; ainsi toutes les souris bien portantes enfermées dans une grande cage avec une souris inoculée succombent toujours à la même maladie.

A l'autopsie on trouve généralement l'hypertrophie de la rate (cet organe devient deux ou même trois fois plus volumineux qu'à l'état normal), la dégénérescence graisseuse du foie plus ou moins prononcée et une congestion générale de l'intestin et du péritoine. La durée de l'incubation est très variable suivant la force de résistance des individus et aussi suivant les différentes espèces de souris et de campagnols.

Une injection hypodermique de 1/10 de centimètre cube d'un bouillon de culture de 24 heures tue les souris généralement en 12 à 24 heures; toutefois nous avons observé des cas où la mort des individus inoculés n'est survenue que 5 et même 8 jours après l'opération.

Absorbé avec les aliments, le virus semble agir beaucoup plus rapidement sur les campagnols et les mulots que sur les souris domestiques et les souris blanches des laboratoires.

Pour les campagnols et les mulots, l'incubation peut durer 2 à 12 jours, pour les souris domestiques 5 à 20 jours. Quelquefois on observe des cas de mort foudroyante — l'animal meurt en quelques heures.

La maladie ne devient manifeste qu'un ou tout au plus deux jours avant la mort. Le premier symptôme est une forte diarrhée, peu après on observe comme une paralysie de l'arrière-train, les jambes de derrière semblent inertes, l'animal se met en boule et ne bouge plus de place jusqu'à la mort, il se laisse prendre à la main sans manifester le moindre mouvement de frayeur. C'est à cet état, pendant qu'ils sont encore malades, que les campagnols sont achevés et mangés par ceux d'entre eux qui sont encore bien portants.

Ces différences très sensibles dans la durée du temps d'incubation observées chez les individus de la même espèce ou appartenant à des espèces différentes peut provenir d'une prédisposition spéciale à la contagion plus grande chez certains individus que chez d'autres et peut-être aussi du degré de virulence des cultures que nous avons employées.

Cette dernière supposition nous a donné l'idée de sélectionner les cultures suivant que la mort des individus inoculés était plus ou moins prompte. L'ensemble des observations recueillies ne nous a pas encore fourni de données suffisantes pour nous permettre d'en tirer des conclusions dès à présent, mais nous croyons pouvoir affirmer que ce genre de recherches donnera certainement des résultats intéressants.

Premières expériences.

Avant de mettre le virus à la disposition des cultivateurs, nous avons fait expérimenter son action dans les champs infestés par les rongeurs dans un certain nombre d'écoles pratiques d'agriculture et notamment aux Merchines (Meuse) et à Berthonval dans le Pas-de-Calais.

Aux Merchines l'expérience a été faite en mars et avril 1893 sur un champ de luzerne presque complètement ravagé. Elle a été dirigée par M. Julien Krantz, directeur de l'école et propriétaire du domaine.

Au commencement de mars, M. Krantz a fait distribuer dans les champs infestés du pain imprégné de virus en plaçant un morceau de ce pain dans chaque trou de souris.

A partir du quatrième jour après cette opération on trouvait dans le champ en expériences et aux alentours des campagnols morts à la surface de la terre. En avril, on a fait défricher une partie du champ de luzerne. La charrue a mis alors à jour les galeries souterraines remplies de cadavres de campagnols, tous plus ou moins rongés. (Les campagnols dévorent leurs morts et c'est à cette pratique qu'est due la propagation rapide de la maladie.) Le résultat obtenu a dépassé les espérances, les campagnols ont été complètement détruits non seulement sur le champ de luzerne en expérience, mais aussi sur une certaine étendue des champs de blé contigus.

L'expérience des Merchines a été pleinement confirmée par celle qu'a faite M. Dickson, directeur de l'école d'agriculture de Berthonval, sur des souris et des campagnols, tant en captivité que dans les champs. M. Dickson a constaté que les campagnols succombent plus rapidement que les souris domestiques, que ceux qui survivent mangent toujours les cadavres des premières victimes, aussi bien en liberté qu'en captivité, et enfin, que ces cadavres, quand ils sont mangés par les animaux de la ferme, poules, lapins, canards, chiens, etc., ne produisent sur eux aucun effet nuisible.

Application en grande culture, dans les jardins et dans les magasins.

Après que les expériences des Merchines et de Berthonval ont démontré l'efficacité et les avantages de destruction des rongeurs par le virus contagieux, un grand nombre de cultivateurs ont demandé de l'appliquer dans leurs champs, et nous avons pu faire ainsi toute une série d'essais pendant les mois d'août, de septembre, d'octobre et de novembre.

Nous n'en citerons que quelques cas se rapportant à trois espèces de rongeurs différents.

1° *Destruction des campagnols sur le territoire de la commune de Payns (Aube).*

Les terres de Payns sont très légères et friables avec du sable pour sous-sol. On y cultive principalement du seigle, un peu de blé, d'avoine, peu de prairies artificielles.

Les cultivateurs comptent ordinairement une année de mulots sur deux, ce qui veut dire que bien qu'il y ait des campagnols chaque année, ils ne deviennent très nombreux et dangereux pour les récoltes que tous les deux ans.

L'année 1892 ayant été une année de mulots, il y avait donc lieu d'espérer qu'en 1893 il y en aurait moins. Toutefois la sécheresse et la chaleur exceptionnelle du printemps et de l'été de 1893 ont été tellement favorables à la multiplication et au développement des campagnols, qu'une grande invasion était à craindre pour l'automne.

La configuration du pays est très favorable pour le développement des campagnols. C'est une vallée plate, large de 10 à 15 kilomètres, coupée par la Seine et bordée des deux côtés par des coteaux marneux. Les campagnols apparaissent en grand nombre ordinairement en juillet et en août au bas de ces coteaux, se répandent ensuite peu à peu dans la plaine jusqu'aux bords de la Seine.

Les années d'invasion, les semailles d'automne sont généralement complètement perdues, les grains sont mangés pour ainsi dire derrière le semoir, les prairies artificielles sont parfois rasées en une seule nuit.

Devant ce danger menaçant, le conseil municipal de Payns a décidé, sur la proposition d'un de ses membres, M. N. Sainton, de faire aux frais de la commune un essai de destruction des rongeurs par le virus contagieux.

La première opération a été faite le 22 août dans les conditions suivantes :

30 tubes de cultures virulentes de huit jours ont été dilués dans 10 litres d'eau ; dans cette solution on a trempé 12000 morceaux de pain blanc de 1 centimètre cube environ.

Ce pain préparé a été distribué sur une étendue de 20 hectares ; on plaçait un morceau de pain dans un trou sur quatre en moyenne.

Les 5 et 6 septembre suivant on a trouvé des campagnols morts un peu partout sur les champs en expérience.

Le 13 septembre on a labouré un champ de 35 ares criblé de trous (en moyenne 10 trous par mètre carré). Au moment du labour on n'a trouvé dans ce champ qu'un seul campagnol vivant, huit jours après le labour on n'a trouvé sur toute l'étendue de ce même champ que 50 trous de campagnols.

Ces 50 trous furent de nouveau garnis de pain imprégné et fermés quelques jours plus tard — ils ne se sont plus réouverts.

Sur d'autres parties des 20 hectares en expérience dans les champs de sainfoin, on ne trouvait qu'un trou réouvert, en moyenne, sur cent fermés.

L'essai a donc donné des résultats complètement satisfaisants. Deux distributions successives à un mois de distance ont suffi pour détruire tous les campagnols.

Les frais de cet essai se sont élevés en tout à 63 fr. 10 c. pour 20 hectares, c'est-à-dire à 3 fr. 15 c. par hectare.

2° Destruction des campagnols et des mulots au hameau « La Borde »,
près Bar-sur-Seine (Aube).

Sur la demande de M. Guyard, président de la Société d'agriculture et du Syndicat agricole de Bar-sur-Seine, nous nous sommes rendu le 29 septembre 1893 au hameau La Borde où des champs, d'une étendue de 50 hectares environ, étaient fortement infestés par les petits rongeurs.

Nous constatons d'abord que la situation du hameau et la nature de ses terres se prêtent très bien au développement des campagnols.

De bonnes terres fortes, argileuses, assurent une grande consistance aux nids et aux galeries souterraines des rongeurs; d'autre part, les pentes assez prononcées de tous les côtés permettent l'écoulement facile des eaux et empêchent les inondations qui, dans d'autres conditions, détruisent un grand nombre de ces animaux au printemps et en automne.

L'inspection des champs envahis nous montre que le nombre de trous varie de 5 à 15 par mètre carré ce qui, en comptant 1 rongeur pour 5 trous, en moyenne, donne 10 000 à 30 000 de ces animaux par hectare.

Des pièges placés la nuit dans les champs envahis ont pris quelques rongeurs et nous avons pu constater la présence dans ces champs de campagnols (*Arvicola arvalis*) et de mulots (*Mus sylvaticus*), ces derniers dans une proportion bien moins forte.

La distribution des cultures virulentes a été faite dans les conditions suivantes :

120 tubes de culture de 5 et de 6 jours ont été dilués dans 50 litres d'eau bouillie et salée. Dans cette solution on a trempé 80 000 morceaux de pain bis de 1 à 1 1/2 centimètre cube. Le pain trempé a été distribué dans les champs à raison d'un petit cube par trou nouvellement frayé, c'est-à-dire, en moyenne, dans un trou sur six.

L'opération a occupé 20 personnes pendant trois journées successives, environ 2 heures par jour, de 4 à 6 heures.

L'inspection des trous le lendemain de chaque distribution a montré que le pain introduit dans les trous a été mangé dans le courant de la nuit.

Des pluies assez fortes sont tombées pendant les trois jours qu'ont duré les opérations.

Déduction faite de nos frais de voyage qui ne peuvent pas être compris dans les frais de l'expérience, ceux-ci se sont élevés à la somme totale de 156 fr.

Ce qui fait, au prix de la main-d'œuvre (0 fr. 50 c. l'heure), prix certainement exagéré, parce que, les virus n'étant nullement dangereux, on peut employer des enfants pour le distribuer, une dépense totale de 3 fr. 10 c. par hectare.

La préparation du pain et sa distribution a été faite en présence de M. Guyard, des membres du bureau du Syndicat agricole de Bar-sur-Seine et de M. R. Danguy, professeur départemental d'agriculture.

Occupé à la préparation des virus que les cultivateurs nous demandaient en quantités de plus en plus considérables, il nous a été impossible d'aller sur place constater par nous-même les résultats de cette expérience. C'est à l'obligeance de M. R. Danguy, qui a consigné ces résultats dans un article publié par l'*Agriculture nouvelle* (numéro du 18 décembre 1893), que nous devons de les connaître d'une façon exacte.

« L'opération faite vers la fin de septembre, écrit M. Danguy, quinze jours après, dans une luzerne traitée, trois souris seulement étaient remontées, vivantes encore, mais déjà paralysées. Dans une luzerne voisine, non traitée, plus de cinquante rongeurs en parfait état se montraient sous le soc de la charrue, un bien plus grand nombre se dérobait aux regards. .

« Dans les éteules, même réussite, un grand nombre de souris mortes et quelques-unes en partie dévorées par leurs congénères se découvraient. »

3° Destruction des mulots (Mus sylvaticus) *dans un verger.*

Un verger d'une étendue de deux hectares et appartenant à M. Ch. Lambert, du Havre, a été envahi par les mulots (*M. sylvaticus*). Les ravages causés étaient fort importants, les rongeurs mangeaient et détérioraient des fruits de luxe, des pommes, poires et pêches.

Six tubes de virus dilués dans deux litres d'eau et répartis sur 2 000 morceaux de pain ont suffi pour détruire complètement les mulots et arrêter les dégâts.

4° Destruction des souris (Mus musculus) *dans les magasins.*

M. Boutroux, officier d'administration comptable des subsistances militaires à Amiens, a employé un tube de virus pour détruire les souris ordinaires (*Mus musculus*) dont était infesté un des magasins qui se trouve sous sa surveillance.

Vingt jours après la distribution du pain imprégné, toutes les souris ont disparu dans le magasin en expérience ; et comme dans les autres magasins également infestés les souris pullulaient toujours, on peut en conclure que leur disparition dans le local en expérience était bien due à l'action du virus.

Instructions.

Pour détruire les campagnols ou les mulots dans les champs, d'une façon complète et définitive, il faut faire deux ou trois opérations successives et procéder de la façon suivante :

1° *Première distribution de cultures virulentes.*

Dans tous les pays infestés d'une façon chronique, les campagnols ou les mulots deviennent les plus nombreux aux mois d'août et de septembre.

C'est à cette époque que le virus agira le mieux parce que précisément grâce à la réunion d'un grand nombre de ces animaux qui vivent en famille, — sur un espace donné — l'épidémie se propagera rapidement et sera très mortelle.

Les premières distributions de pain imprégné de cultures virulentes doivent donc commencer en août aussitôt après les récoltes de céréales et peuvent être continuées en septembre et octobre sur les champs de pommes de terre, de betteraves, sur les prairies artificielles, etc.

Cette première distribution de virus détruit généralement 90 à 95 p. 100 des rongeurs qui infestaient les champs. L'épidémie ainsi provoquée se prolonge d'elle-même pendant six semaines au moins.

Les résultats obtenus par ce premier traitement peuvent être appréciés de différentes façons.

Le plus simple est de faire labourer les champs 15 jours à six semaines après la distribution du pain. On trouvera en labourant des cadavres dans les terriers et pas du tout ou très peu de campagnols vivants. Après le labour on ne trouvera que très peu de trous nouvellement ouverts à la surface du sol.

Dans le cas où les champs en expérience ne seraient pas labourés en automne, on fermera les trous un mois après le premier traitement en y faisant passer une herse ou un rouleau.

Quand il s'agira de prairies artificielles ou naturelles il ne sera pas indispensable de fermer les trous pour reconnaître si les campagnols ont disparu. Le cultivateur saura facilement reconnaître s'il y a encore des trous fréquentés et nouvellement frayés.

Très souvent on trouvera des cadavres à la surface du sol.

Pour cette première opération, on ne doit pas ménager le pain préparé, il faut en mettre un morceau dans chaque trou frayé.

Suivant l'importance de l'invasion il faut employer pour cette première opération 3 à 10 tubes par hectare.

2° *Deuxième distribution de cultures virulentes.*

Avec une seule opération on n'obtient que bien rarement la destruction complète des petits rongeurs. — Il faut donc compléter la
première opération par une deuxième en garnissant à nouveau les
trous nouvellement ouverts (sur les champs labourés ou hersés)
ou encore fréquentés, avec du pain préparé de la même façon que
la première fois.

Cette deuxième opération doit être faite un mois ou six semaines
après la première. — On y emploiera 1 tube de virus pour 2 ou
3 hectares.

3° *Troisième opération.*

Les quelques campagnols qui pourraient encore résister à l'épidémie ne seront plus gênants pour les cultures d'hiver. — Il n'en
restera en effet que 40 ou 50 par hectare au plus et les dégâts qu'ils
peuvent causer dans le courant de l'hiver seront en tout cas absolument insignifiants.

Il en serait tout autrement toutefois, si on laissait ces quelques
campagnols se multiplier au printemps suivant ; chaque couple donnerait 300 rejetons dans le courant de la belle saison et en automne
les champs se trouveraient repeuplés à nouveau.

Une troisième opération est donc souvent nécessaire au printemps
pour obtenir un résultat définitif.

Après les deux premiers traitements en automne, il ne restera sur
les champs, comme nous venons de le dire, qu'une cinquantaine de
campagnols par hectare, cette troisième opération ne sera donc ni
difficile, ni coûteuse. Pour détruire ces derniers rongeurs on peut
encore employer le virus, mais il serait peut-être tout aussi simple
d'avoir recours à tout autre moyen.

Les campagnols sont en effet, dans ce cas, trop peu nombreux et
en même temps trop disséminés pour qu'on puisse compter sur le
développement d'une épidémie, c'est-à-dire sur la propagation de
la maladie par contagion ; un empoisonnement ou des pièges donneront le même résultat.

Les frais de la troisième opération qui doit être faite dès le début de la belle saison, en février ou mars, ne dépasseront pas 0 fr. 50 c. par hectare.

L'ensemble des frais pour ces trois opérations : achat de virus et du blé préparé, le pain et la main-d'œuvre, ne dépassera certainement pas 5 fr. par hectare ; faites avec soin sur toute l'étendue des champs envahis, ces trois opérations successives *permettront de détruire les campagnols d'une façon complète et pour toujours*.

Le traitement en trois opérations, tel que nous venons de l'indiquer, est le plus rationnel et le moins coûteux. En procédant ainsi on détruira tous les rongeurs (*nous disons bien tous sans en excepter un seul*) en une année.

Le coût de ce traitement est tellement minime en comparaison de l'importance des dégâts causés par les campagnols qu'il nous semble inutile d'insister sur les avantages qui en résultent ; toutefois, nous tenons à ajouter que, si les exigences de la culture ou des causes d'une autre nature ne permettaient pas de l'appliquer à la fois sur toute l'étendue des champs envahis, ou de les commencer en automne, il est possible d'arriver au même résultat final par une série d'applications partielles en automne et au printemps, ou bien pendant l'une ou l'autre de ces deux saisons.

L'important est de poursuivre la destruction avec persévérance et de ne s'arrêter que quand tous les rongeurs auront disparu. Fait ainsi d'une façon partielle à tour de rôle sur les différents champs d'une ferme ou d'une région envahie, le traitement devra être prolongé pendant deux ou trois ans, mais sera tout aussi efficace.

D'une manière générale, que l'on commence le traitement au printemps ou à l'automne, il faut procéder de la façon suivante :

1° Faire une distribution de virus (pain trempé dans une solution de cultures virulentes) 15 jours ou mieux trois semaines avant le labour, sur tous les champs qu'on aura à labourer ;

2° Faire une deuxième distribution de virus sur les mêmes champs, 8 jours après le labour, en garnissant de pain préparé tous les trous qui se seront réouverts à nouveau ;

3° Détruire les campagnols qui auraient pu résister encore (après un hersage ou un autre travail par lequel les trous réouverts seront fermés une deuxième fois), par l'emploi du virus ou d'un toxique si les campagnols sont très peu nombreux.

En un mot il faut saisir toute occasion, tout travail dans les champs (labours, hersages, roulages, etc.) envahis permettant de vérifier d'une façon certaine les résultats obtenus, pour faire une première opération et en refaire une seconde, et une troisième si c'est nécessaire.

Dans les prairies et les bois on peut fermer les trous avec une bêche ou tout simplement en marchant dessus.

Ainsi que nous l'avons montré dans un travail précédent[1], les campagnols vivant en France, tout en étant de tous les mammifères les animaux les plus nuisibles à l'agriculture, ne sont pas migrateurs et ce fait facilite leur destruction. Les générations qui se succèdent toujours restent cantonnées dans les mêmes champs et ne s'en répandent à l'entour qu'en automne (en septembre et octobre) dans les années mémorables, mais relativement rares, de très grandes invasions.

Le traitement partiel des champs, à tour de rôle, aura donc toute son efficacité, il n'est pas à craindre en effet que les champs une fois traités soient envahis à nouveau par des campagnols venus des champs voisins, avant que ces derniers n'aient été traités à leur tour.

Mode d'emploi du virus n° 1.

Le virus n° 1 est préparé dans des tubes en verre sur une couche de gélatine végétale. Ces tubes sont fermés avec un bouchon de ouate.

Pour se servir des cultures virulentes qui recouvrent la surface libre de la gélatine et y forment une couche grisâtre, on délaye le contenu du tube dans de l'eau salée, dans laquelle on trempe du pain, des grains ou, à défaut de ces produits, toutes autres substances dont les souris ou les campagnols sont friands.

Voici de quelle façon il faut procéder[2] :

On prépare une solution de 10 gr. de sel de cuisine dans un litre d'eau, on fait bouillir dans une casserole et on laisse refroidir.

---

1. *Revue scientifique*, n° 11, 2° semestre 1893.
2. Procédé indiqué par M. Lœffler.

Avec ce liquide refroidi, on remplit jusqu'aux deux tiers environ (après avoir enlevé le bouchon de ouate) le tube contenant le virus, on secoue fortement jusqu'au moment où la gélatine se sera détachée du verre et on verse le contenu dans la casserole. La gélatine n'étant pas facilement soluble dans l'eau, il faut écraser avec la main les morceaux qui sont restés compacts.

Du pain blanc rassis est ensuite coupé en cubes de 1 à 2 centimètres de côté.

Ces petits cubes sont jetés dans la casserole, et lorsqu'ils sont suffisamment imprégnés du liquide, ce qui a lieu au bout d'une à deux minutes, ils sont retirés et jetés dans un vase.

On peut imprégner au moyen d'un litre de ce liquide environ 1 000 à 1 200 de ces cubes.

Pour la destruction des souris, mulots et campagnols, on doit prendre deux tubes par litre d'eau.

On distribue ensuite le pain coupé, de préférence pendant l'après-midi; on place un morceau de pain dans chaque trou, ou on en répand dans les endroits visités par les souris.

Le virus doit être employé aussitôt que le tube a été ouvert.

On ne peut conserver ni la solution, ni le pain imprégné pendant plus d'une journée.

Pour obtenir de bons résultats dans les champs envahis, il faut employer en moyenne 5 tubes par hectare.

On peut remplacer le pain blanc par du pain bis ; dans ce cas, ce dernier doit être bien rassis (de quatre ou cinq jours), et comme ce pain boit moins d'eau que le pain blanc, il faut préparer des solutions plus concentrées : prendre quatre tubes par litre d'eau au lieu de deux, et tremper dans cette solution 2 000 à 2 400 petits cubes de pain bis au lieu de 1 000 à 1 200.

De sorte que la dose de virus répandue sur chaque morceau de pain soit toujours la même.

Quant, à la place du pain on trouvera plus commode d'employer du grain (blé, orge, avoine ou maïs), il faut faire concasser ce grain grossièrement en le coupant en deux ou trois parties et le tremper dans une solution très concentrée : dix tubes par litre d'eau.

On fera tremper dans un litre de cette solution environ deux litres de grains, en remuant de temps en temps pour que les grains soient également trempés. Le liquide qui restera pourra reservir à tremper une nouvelle portion de grains.

Le résidu, petits débris et farine, qui restera au fond du vase doit être employé de la même façon que le grain.

Si, au moment de la distribution du pain préparé, il pleuvait ou faisait bien froid, on devrait préparer des solutions plus concentrées : prendre quatre tubes par litre d'eau pour le pain blanc ou huit tubes pour le pain bis et mouiller le pain moins que dans les conditions ordinaires, toujours en conservant les mêmes proportions de 1 000 petits cubes de pain par tube de virus.

Enfermé dans une boîte, à l'abri de la lumière et dans un endroit dont la température est comprise entre 5° et 25°, le virus n° 1 conserve toutes ses propriétés pendant plusieurs mois ; toutefois le maximum de virulence et de développement des cultures est obtenu généralement cinq à vingt jours après la préparation du tube ; c'est donc des cultures fraîches qu'il faut employer de préférence.

VIRUS N° 2 POUR LA DESTRUCTION DES RATS

Les premiers essais de l'action du virus n° 1 sur les différentes espèces de rats ont donné, comme nous l'avons dit plus haut, des résultats variables et incertains.

Inoculées à l'aide d'une seringue de Pravaz (dans ce cas le virus est introduit dans l'organisme par une piqûre sous la peau ou dans les muscles), toutes les espèces de rats mouraient après une période d'incubation de deux à quinze jours. Nourris avec des aliments imprégnés de cultures virulentes ou avec des organes de souris tuées par ce virus, les rats d'eau proprement dits, à courte queue velue (*Arvicola amphibius*), et les rats noirs (*Mus rattus*) succombent aussi rapidement que les campagnols et les souris. Pour les gros rats gris, appelés aussi rats voyageurs (*Mus decumanus*), les plus forts, les plus répandus dans le monde entier et en même temps les plus nuisibles, l'action de ce virus s'est montrée le plus souvent insuffisante. Il en mourait bien quelques-uns, la plupart devenaient manifestement malades, mais ne succombaient pas.

Ce virus est donc bien pathogène pour ces animaux, mais il n'est pas suffisamment actif pour les tuer. Ce fait donnait à supposer qu'en augmentant la virulence des cultures par une préparation spéciale, on arriverait peut-être à atteindre ces redoutables rongeurs, qui sont devenus dans certains pays un véritable fléau des cultures ou plantations, à l'égal des campagnols dans l'Europe septentrionale.

Au Brésil, au Mexique, dans les Antilles, dans presque toutes les îles de l'Océan Indien, où les plantations de cannes à sucre et de cacao ont pris une grande importance, le rat, amené primitivement dans les ports sur des navires, s'est répandu de là dans les champs cultivés et y cause des dommages extrêmement importants.

Grâce à l'obligeance de deux de nos correspondants, M. le docteur Desenne, de l'île Maurice, et M. Bordaz, de la Martinique, nous avons pu réunir un certain nombre de renseignements sur l'histoire naturelle de ces rongeurs et des données statistiques précises sur l'importance des pertes dont ils sont la cause dans ces pays.

« Les deux variétés de rats que nous avons ici, nous écrit M. Desenne, ont été introduites dans le courant du xviie siècle. Les Portugais, à l'époque de la découverte de l'île, n'en font aucune mention, de même les Hollandais à leur première tentative de colonisation. Ce n'est qu'à leur deuxième descente dans l'île que le nombre prodigieux des rats obligea les Hollandais à abandonner la colonie. Tout était dévasté et détruit.

« Il paraît même que si la France, qui occupa l'île le 1er septembre 1715, n'avait pas obéi à de hautes considérations politiques pour se maintenir dans ce poste de l'Océan Indien, elle aurait certainement suivi l'exemple des Hollandais.

« Il semble le plus probable que c'est à la suite d'un naufrage que les rats ont pu aborder dans notre île. En effet, dans l'archipel d'Agaléga, les rats sont encore aujourd'hui inconnus sur toutes les îles, sauf une seule où ils ont pénétré à la suite du naufrage d'un navire de commerce.

« Trouvant là, comme à Maurice, un sol et des conditions climatériques favorables, ils y ont pullulé de façon à envahir tout : les champs et les habitations.

« La nature du terrain a aussi une grande importance sur le plus ou moins grand développement des rats dans une région donnée ; il y en a généralement beaucoup plus dans les terres rocheuses que dans les terres franches.

« Ainsi, sur deux plantations d'à peu près la même contenance (3 000 hectares), éloignées l'une de l'autre de trois à quatre kilomètres à vol d'oiseau, on a pris au piège :

« A Saint-Aubin (terres franches), du 1er janvier au 31 décembre 1892, 4 853 rats :

« A Bel-Air (terres rocheuses), du 2 mars au 27 août 1893, 5 410 rats.

« L'écart des chiffres saute aux yeux, les terres rocheuses ont fourni plus de rats dans un semestre que les terres franches dans une année, toutes choses étant égales d'ailleurs.

« Les poisons (strychnine, arsenic, etc.) éveillent très vite la méfiance de ces animaux, qui ne s'y laissent plus prendre ; les pièges qui en ont pris une fois n'en reprendront plus s'ils ne sont pas passés chaque fois à la flamme d'un feu de paille.

« Voici maintenant comment les rats s'y prennent dans leur œuvre de destruction.

« Le rat s'attaque toujours aux nœuds inférieurs de la plante, non pas parce qu'ils sont plus à sa portée (il est grimpeur par excellence), mais bien parce qu'ils sont plus sucrés que les nœuds supérieurs.

« Il ne jettera pas la canne à bas, il y fera une forte encoche puis passera à une seconde, à une troisième, etc., jusqu'à ce que son appétit soit satisfait. La canne n'en meurt pas, mais il est inutile d'insister sur les effets destructeurs d'une brise un peu forte sur une telle plantation et des éléments de fermentation que des cannes coupées dans ces conditions apportent forcément aux jus à manipuler.

« Il y a des années où la dévastation est plus importante que dans d'autres, et cela tient à ce que la canne n'est pas toujours également riche en sucre. Or les années où la canne est moins riche en sucre, le rongeur en passe un plus grand nombre en revue jusqu'à ce qu'il en ait trouvé une à son goût.

« Pour l'île Maurice, les dégâts appréciables atteignent 20 millions de francs par an en moyenne. »

En Europe, en dehors de quelques régions de la Russie voisines de l'Ural, d'où il semble originaire, le rat gris ou fauve (*Mus decumanus*) n'est guère connu que dans les granges, greniers, écuries, etc., en un mot dans les fermes et dans les villes, quelquefois dans les jardins, mais jamais dans les champs.

Si l'ensemble des dégâts qu'il peut occasionner ainsi peut devenir parfois considérable, jamais ces pertes n'atteignent l'importance de celles causées par ces mêmes rongeurs dans les plantations de canne à sucre et de cacao, ou celles causées par les campagnols et les mulots dans nos champs.

Aussi, si la question de la destruction des rats n'a pas pour nos pays la même importance que celle de la destruction des campagnols, elle présente par contre un très grand intérêt pour un certain nombre de nos colonies, et nous avons été très heureux quand, après une série d'expériences, nous avons fini par obtenir des cultures assez virulentes pour atteindre les gros rats gris fauve.

Le virus n° 2 est préparé avec le même microbe que le virus n° 1, mais il est rendu plus actif que ce dernier par une série d'inoculations successives sur des rongeurs de plus grande taille.

Ce virus a été employé pour la première fois au mois de juin 1893 au château de la Boissière (Indre-et-Loire), une grande propriété infestée par les rats, appartenant à M. J. de Forestier, comte de Coubert, qui, avec beaucoup de bonne grâce, a bien voulu nous prêter son concours pour l'expérimentation pratique de nos virus.

Voici un extrait des observations que M. de Forestier, comte de Coubert, nous a communiquées :

« Nous croyons avoir obtenu un excellent résultat avec le virus n° 2 que vous nous avez envoyé. Les rats extrêmement nombreux qui infestaient tous les bâtiments de la ferme, les écuries et les berges d'un cours d'eau qui traverse le parc, ont complètement disparu.

« Les tubes ont été employés exactement comme vous l'avez indiqué, et les rats ont bien mangé dans la nuit le pain imprégné de virus, distribué la veille au soir. Les résultats ne deviennent guère appréciables que dix à quinze jours après l'opération. On voit alors des rats, qui sortent de leurs trous en plein jour, courir avec difficulté et se laisser attraper par des chiens sans opposer aucune résistance. De plus, une odeur de pourriture qui se dégage des endroits précédemment habités par ces animaux indique bien qu'il y a des morts dans les trous.

« Voilà nos observations, et c'est mon jardinier, fort sceptique pour toutes ces nouveautés, qui a été obligé de le reconnaître. »

Instructions.

D'une manière générale, il est plus difficile de détruire les rats que les campagnols, les souris ou les mulots.

Plus agile, plus remuant et surtout plus intelligent que les petites espèces de rongeurs, le rat va souvent chercher sa nourriture très loin de son nid, change de gîte à la moindre alerte et se montre très défiant pour les appâts toxiques (préparations à base d'arsenic, de phosphore ou de strychnine).

L'emploi d'un virus présente donc tout d'abord ce grand avantage sur les poisons que, ne commençant à agir que huit ou quinze jours après avoir été absorbé par l'animal, il n'éveille pas sa défiance à l'endroit du pain imprégné et peut être donné avec succès à plusieurs reprises.

Pour obtenir un bon résultat, il faut autant que possible distribuer la préparation virulente à la fois partout où il y a des rats dans la localité infestée ; ainsi, s'il s'agit d'une ferme, il faut faire la distribution en même temps dans tous les bâtiments infestés, placer quelques morceaux de pain imprégné dans tous les trous de rats et dans tous les endroits ordinairement visités par ces animaux.

Dans les jardins ou dans les champs infestés par les rats, il faut garnir de pain imprégné tous les trous et terriers.

Quinze jours après cette première opération, si le résultat définitif n'est pas obtenu, c'est-à-dire s'il reste encore des rats vivants, il est bon de refaire le même traitement une deuxième fois. Deux ou trois opérations, répétées à quinze jours ou trois semaines d'intervalle, seront généralement suffisantes pour faire disparaître tous les rats.

Il arrive quelquefois que cinq à huit jours après la distribution du virus, on constate la disparition subite des rats, on n'en retrouve ni morts, ni vivants dans les endroits précédemment infestés.

L'explication la plus vraisemblable de ce fait que nous avons pu constater plusieurs fois, c'est que ces animaux, très défiants et intelligents, ont cherché à fuir devant les premières atteintes de l'épidémie.

Dans les pays où, comme à la Martinique ou à Maurice, les rats ont envahi les plantations et habitent dans les champs, le traitement à suivre doit être, en règle générale, le même que celui indiqué précédemment pour la destruction des campagnols.

La distribution des virus devrait, croyons-nous, commencer aussitôt après la récolte et devrait être poursuivie pendant toute la saison qui correspond à notre automne.

Mode d'emploi du virus n° 2.

Pour produire un effet certain, le virus n° 2 doit être employé à un degré de concentration déterminé.

1° Délayer le contenu de chaque tube dans un décilitre d'eau préalablement bouillie et salée ;

2° Tremper dans ce liquide du pain blanc rassis coupé en petits cubes de 1 centimètre de côté, en plongeant successivement les morceaux, un à un, dans le liquide.

Le pain doit être très peu mouillé.

Bien agiter le liquide avant de s'en servir ;

3° Placer les morceaux trempés dans un vase quelconque et les distribuer (de préférence tard dans la soirée) dans les trous et les endroits visités par les rats.

Le contenu d'un tube suffit pour imprégner 75 à 100 petits cubes de pain.

Des expériences faites en Russie par M. Wysokowicz, à Kharkoff, et par M. Kouritzine, à Saratoff, ont montré que le virus n° 2 est pathogène pour *Mus agrarius* et pour *Spermophilus guttatus*.

Enfin, le R. Père Th. J. Hamon, missionnaire apostolique de Truông-Dôc-Binh-Dinh (Annam), vient de nous écrire la lettre suivante : « J'ai reçu votre envoi de virus contre les rats et j'ai fait quelques expériences qui ont parfaitement réussi. Toutes les maisons où j'ai mis du riz cuit à l'eau et imprégné de la culture selon votre instruction ont été absolument purifiées de rats et de souris. Où il m'a causé la plus vive satisfaction, c'est contre les chauves-souris qui empestaient littéralement mes autels. En trois nuits plus de trace et je ne saurais vous en dire toute la reconnaissance. »

CHAPITRE II

LA MUSCARDINE DU HANNETON COMMUN
(MELOLONTHA VULGARIS)

La muscardine, appelée par M. Giard *Isaria densa* et par MM. Prillieux et Delacroix *Botritis tenella*, et que l'on a appelée aussi *muscardine rose,* pour la distinguer de l'*Isaria destructor* (un champignon parasite découvert par M. Metchnikoff et pathogène pour plusieurs espèces de coléoptères) dont les spores présentent une coloration vert intense, et du *Botritis bassania,* une muscardine blanche, parasite du ver à soie, est connue des mycologistes depuis fort longtemps déjà. Comme l'a montré M. A. Giard dans son remarquable travail sur ce sujet, la muscardine rose a été en effet décrite pour la première fois en 1809 par un naturaliste allemand, H. F. Link, sous le nom de *Sporotrichum densum.*

La nature du parasite et son action sur l'organisme de l'insecte ont été étudiées et décrites par M. A. Giard[1] et par MM. Prillieux et Delacroix[2]. Nous ne nous étendrons pas sur ces questions d'un intérêt

---

1. Alfred Giard, *Isaria densa.* Link, Fried. champignon parasite du hanneton commun (*Melolontha vulgaris*). [*Bulletin scientifique de la France et de la Belgique,* t. XXIV, 5 mai 1893.]

2. Prillieux et Delacroix : Le champignon parasite de la larve du hanneton (*C. R. de l'Acad. des Sc.,* 11 mai 1891).

purement scientifique, il ne nous semble important d'indiquer ici avec précision que les points suivants :

1° La façon dont la muscardine pénètre dans l'organisme du ver blanc et du hanneton ;

2° L'aspect que présentent ces derniers quand ils sont morts muscardinés ;

3° La façon dont la maladie peut se propager parmi les hannetons sortis de terre et parmi les vers blancs dans la terre.

M. A. Giard croit que les hyphes des *Isaria* sécrètent à leur extrémité un liquide altérant la chitine et pénètrent ainsi dans le sang de l'insecte ; on peut admettre aussi que le champignon parasite pénètre dans l'organisme du hanneton ou de sa larve principalement par des déchirures accidentelles de l'enveloppe chitineuse dont les insectes sont entourés de toutes parts.

On peut admettre que pour la larve cette condition essentielle de l'infection se trouve toujours réalisée dans la nature.

Le ver blanc est recouvert d'une enveloppe chitineuse relativement mince et tendre et ses mouvements continuels dans la terre doivent l'amener fréquemment en contact avec les surfaces rugueuses des cailloux, des éclats de verre ou des racines qui déchirent cette enveloppe et créent ainsi une voie d'accès facile pour le parasite.

Les hannetons s'infectent tout aussi facilement que les vers blancs. Dans ce cas les germes de la maladie pénètrent probablement à l'intérieur du corps à travers la chitine moins résistante des articulations et des trachées.

L'aspect des hannetons et des vers blancs infectés est très caractéristique et facile à reconnaître pour tous ceux qui l'ont vu une seule fois.

Nous empruntons à l'ouvrage de M. Giard, cité plus haut, la description qu'il en donne avec beaucoup de précision et de détails.

Quand un ver blanc meurt sous l'action d'un poison, d'un produit corrosif ou par suite d'une blessure, il devient rapidement noir et flasque ; quand, au contraire, il est atteint par la muscardine, il devient dur et présente une coloration rose.

Ensuite, dans les endroits secs et dans les sols légèrement sablonneux, les cadavres de vers blancs tués par l'*Isaria* sont durcis, cassants et recouverts d'un mince duvet blanc qui occupe une étendue plus ou moins grande de la surface, ne laissant parfois à nu que les portions chitineuses épaisses, d'un brun rougeâtre, dont sont formées la tête et les pattes.

Ce revêtement blanchâtre présente l'aspect d'une moisissure ou d'une substance pulvérulente, suivant que le développement du champignon est plus ou moins avancé, suivant aussi que le sol est plus ou moins humide.

Au labour, les vers ainsi momifiés ramenés à la surface par la charrue présentent l'aspect de petites concrétions calcaires.

Dans les terres humides et argileuses, le champignon ne forme pas simplement une sorte de gazon enveloppant comme d'un linceul le cadavre du ver blanc ; il émet en outre des prolongements irréguliers, longs parfois de 5, 6 centimètres et même plus.

Ces prolongements agglutinent des blocs de terre, des racines des végétaux et autres corps étrangers. Ils s'étendent souvent d'une momie à une momie voisine, réunissant par un réseau vivant toutes les victimes que le champignon a faites dans un espace déterminé.

Les cordons ainsi formés sont couverts, comme le revêtement des momies, par une fine poussière blanche qui laisse sur les doigts de l'observateur une légère empreinte, comme lorsque l'on manie un bâton de craie.

C'est généralement à une profondeur de 20 à 35 centimètres que l'on rencontre le plus de vers momifiés dans les endroits où sévissent les épidémies naturelles d'*Isaria*.

Chez le hanneton à l'état adulte, le revêtement blanchâtre ne s'étend que sur la surface ventrale de la tête et du thorax et se montre parfois à l'extrémité de l'abdomen.

Il est très important de bien savoir reconnaître un ver blanc ou un hanneton infecté par la muscardine ; c'est, en effet, en distribuant dans les champs envahis par le ver blanc ces momies provenant des épidémies soit naturelles, soit artificielles, que l'on propagera la maladie de la façon la plus facile et la plus sûre.

Le mécanisme de la propagation d'une maladie causée par un champignon entomophyte diffère essentiellement de celui qui caractérise la transmission et la propagation des maladies bactériennes observées chez les animaux supérieurs.

On sait que dans ce dernier cas, que la transmission se fasse par l'air inspiré comme dans la rougeole, la diphtérie, la clavelée du mouton, la péripneumonie des bêtes bovines, etc., ou avec les aliments et l'eau de boisson, comme dans la fièvre typhoïde, le choléra de l'homme, le rouget et la pneumo-entérite du porc, etc., ou bien encore par contact, c'est-à-dire par dépôt du principe virulent sur une plaie, une gerçure de la peau ou sur une muqueuse comme pour la rage ou la syphilis, l'agent principal de la propagation est toujours le sujet malade.

Pendant toute la durée de sa maladie et souvent encore quelque temps après sa guérison apparente, le sujet malade est un danger constant pour tous ceux qui l'entourent. Ses vêtements, ses excréments, sa salive, les objets qu'il touche contiennent des germes virulents, peuvent les répandre au loin et les transmettre à un nombre illimité d'autres sujets.

En un mot, les maladies infectieuses causées par les bactéries sont transmissibles pendant la maladie, quelque temps après la guérison apparente et longtemps après la mort des sujets atteints. Les bactéries sont virulentes et peuvent communiquer la contagion à tous les états de leur développement connus, c'est-à-dire à l'état de filaments, de bâtonnets et de spores.

Il en est tout autrement dans les cas des maladies des insectes causées par des champignons entomophytes et particulièrement dans le cas qui nous préoccupe.

L'*Isaria densa* ne devient facilement transmissible qu'à l'état de *spores* bien mûres, et ce n'est qu'à cet état seulement qu'on peut l'employer pour répandre la contagion.

Les spores ne se produisent dans la nature sur des vers blancs ou hannetons infectés, ou sur des milieux nutritifs artificiels que quand le champignon se trouve dans un milieu favorable et quand il est arrivé à un état de développement déterminé.

Un ver blanc ou un hanneton muscardiné, déjà malade, mais encore vivant, ne peut pas transmettre sa maladie à d'autres sujets, même quand il se sera trouvé directement en contact avec eux; il ne peut pas, non plus, répandre la maladie autour de lui par ses excréments ou les objets qu'il aura touchés ; même le cadavre d'un insecte muscardiné (une momie) ne peut devenir une source de contagion pour ses congénères, qu'au moment où le champignon qui a déterminé sa mort aura produit des spores.

Ainsi, la muscardine du hanneton et du ver blanc ne peut pas être propagée directement par les sujets qui en sont déjà atteints, et ne devient réellement contagieuse qu'à l'état de spores mûres ; les spores virulentes de cette maladie ne peuvent être répandues que par l'intermédiaire d'autres agents : le vent, la pluie et les êtres vivants qui s'étant trouvés en contact avec une culture sporulée transporteront les spores d'un endroit à un autre et peuvent les mettre en contact avec des hannetons ou des vers blancs.

Il est donc très important, dans la pratique, de savoir bien reconnaître les cultures mûres, bien sporulées (sur des momies ou sur des milieux artificiels), de celles qui ne présentent encore qu'un mycélium stérile. Les cultures mûres peuvent seules, en effet, être employées utilement et donner des résultats satisfaisants.

Une culture non sporulée se présente sous l'aspect d'un fin duvet blanc pur, qui, même sous l'action de fortes secousses, ne se détache pas de l'objet sur lequel il est fixé, tandis qu'une culture bien sporulée présente une teinte jaunâtre et tombe en poussière à la moindre secousse. Une momie ou une culture sur pomme de terre sporulée tache les doigts comme un bâton de craie.

Modes d'emploi préconisés et résultats obtenus jusqu'à présent.

Le mérite d'avoir le premier, en France, songé à utiliser la muscardine comme agent destructeur des vers blancs revient à M. Le Moult, conducteur des ponts et chaussées et président du syndicat de hannetonnage de Goron.

Ayant trouvé dans un champ des vers blancs muscardinés et ayant constaté ensuite que cette épidémie naturelle s'étendait d'elle-même et atteignait un nombre d'individus de plus en plus considérable, il a essayé tout d'abord de propager la contagion en distribuant dans les champs envahis par le ver blanc des momies naturelles ou obtenues au moyen d'inoculations artificielles.

Ensuite, trouvant ce procédé peu pratique, M. Le Moult a entrepris la préparation en grand des cultures d'*Isaria densa* sur pomme de terre et a conseillé de propager la contagion au moyen de ces cultures artificielles.

Les premiers essais ayant donné à peu près partout des résultats négatifs, on a cru qu'en modifiant les modes d'emploi de ces cultures on obtiendrait des résultats plus appréciables et on en a proposé un assez grand nombre.

On a conseillé notamment les procédés suivants :

1° Quand on peut se procurer des vers blancs momifiés provenant soit d'un gisement naturel (ces gisements ne sont pas aussi rares qu'on pourrait le croire, nous en avons rencontré plusieurs dans le département de Seine-et-Marne, entre Crécy et Coulommiers), soit d'un champ précédemment traité par des cultures artificielles de muscardine, il faut répandre ces momies sur les champs infestés par les vers blancs pendant toute la durée de la belle saison, du mois d'avril jusqu'au mois d'octobre.

Les momies doivent être placées dans des trous de 15 à 20 centimètres de profondeur et ensuite recouvertes. M. Le Moult croit qu'en répandant ainsi 300 momies par hectare on peut obtenir un bon résultat.

2° MM. Prillieux et Delacroix ont conseillé de répandre la contagion au moyen de vers blancs infectés, mais encore vivants, en procédant de la façon suivante :

Prendre une terrine plate, la tapisser d'une couche de terre d'environ 1 centimètre (assez peu profonde pour que les vers ne puissent s'y cacher), l'imbiber légèrement d'eau et y déposer une centaine de vers blancs ; veiller à ce que la terrine soit assez grande pour que les vers ne se heurtent pas les uns contre les autres et ne se blessent pas avec leurs pinces. Il est de la plus haute importance que les vers ne meurent pas de mort naturelle pendant la durée du traitement par les spores du *Botrytis tenella* ;

Prendre, avec un petit pinceau en crin, des spores soit sur une momie, soit sur une culture artificielle et toucher avec ce pinceau les vers un à un, de façon à les saupoudrer en entier ;

Recouvrir la terrine de planches sur lesquelles on met de la mousse mouillée, et l'enterrer dans un endroit frais à l'ombre ;

Au bout de 10 heures environ, les vers sont atteints de la maladie. On les prend un à un, toujours avec assez de précaution pour ne pas les endommager ni les blesser, et on les disperse dans les diverses parties du terrain, à environ 20 centimètres de profondeur dans le sol. On les recouvre de terre. Choisir de préférence les endroits les plus attaqués par les vers blancs.

Pour se rendre compte si la muscardine a réellement agi sur les vers blancs ainsi traités, il est bon d'en placer une dizaine dans un grand pot à fleurs rempli de terre et de les examiner 10 à 15 jours après l'opération.

3° Dans le cas où on n'aurait pas de momies à sa disposition et que, pour une raison ou une autre, on ne pourrait pas en faire par le procédé que nous venons d'indiquer, on a proposé de remplacer les momies par des cultures sur pomme de terre.

Ces cultures se présentent sous forme de bâtons de 10 centimètres de long, en moyenne. Chacun de ces bâtons peut être divisé en 15 à 20 morceaux et ces morceaux doivent être enfouis un à un dans la terre, exactement de la même façon que les momies. Suivant l'intensité de l'invasion, on a conseillé d'employer 10 à 20 de ces bâtons par hectare.

4° On a également conseillé de répandre la muscardine dans les champs infectés au moment des semailles sous forme de spores mélangés à du sable fin ou à de l'amidon stérilisé.

Dans ce cas on a préconisé divers procédés :

Prendre pour véhicule de l'eau, c'est-à-dire diluer un tube de spores dans 100 litres d'eau et en asperger la terre un jour ou quelques heures avant le labour, de façon à les recouvrir de terre aussitôt que possible après l'épandage ; ou bien, mélanger ces spores à l'état sec avec les grains ou graines qu'on a l'intention de semer et les jeter dans la terre en même temps que ces derniers.

(Bien entendu, le contact de ces spores n'a aucune action sur les grains.)

5° Une autre méthode encore consiste à saupoudrer les vers blancs avec la muscardine au moment des labours.

On fait suivre la charrue par une personne munie d'un bol contenant des spores à l'état sec et d'un tampon de ouate ou d'un pinceau en crin. A l'aide de ce tampon ou de ce pinceau trempé préalablement dans les spores on touchera tous les vers découverts par la charrue de façon à bien les saupoudrer, sans les écraser, toutefois, et on les recouvrira d'un peu de terre, pour qu'ils ne soient pas mangés par les corbeaux ou autres oiseaux qui en sont friands.

On contaminera ainsi une grande quantité de vers blancs à peu de frais ; trois tubes de spores suffiront généralement pour un hectare.

6° En dernier lieu, M. Le Moult propose de répandre les spores sous forme de cultures sur pomme de terre, en les jetant à la volée sur les champs. Il conseille d'employer 1 à 2 kilogr. de ces cultures par hectare.

7° M. Delacroix a préconisé encore, comme moyen de propagation de la maladie causée par la muscardine, de contaminer les hannetons à l'état adulte en procédant de la façon suivante :

On délaye 2 ou 3 tubes de spores dans un seau d'eau ordinaire d'une contenance de 20 litres environ. Après l'avoir bien agitée, on plonge dans cette eau autant de hannetons que l'on pourra s'en procurer et on les laisse s'échapper et s'envoler ensuite. Après une première fournée, on peut tremper dans la même eau une deuxième, puis une troisième fournée et ainsi de suite tant qu'on aura des hannetons à sa disposition et qu'il restera de l'eau dans le seau.

Ce procédé a été essayé en grand par M. Gaston de Vaux qui se déclare satisfait des résultats obtenus.

Voici maintenant le récit de tous les essais dont les résultats ont été publiés jusqu'à présent et tels qu'ils ont été publiés :

1. — M. Le Moult a disséminé des cultures artificielles d'*Isaria densa* dans une pépinière de 50 ares environ appartenant à M. Robichon, de Goron. Le traitement eut lieu en septembre 1891. Au commencement de mai 1892, la pépinière était à peu près débarrassée de vers blancs et l'épidémie artificielle se propageait avec intensité.

Chaque coup de bêche amenait à la surface soit une momie, soit une masse de poudre blanche provenant de la dissociation du cadavre et uniquement composée de spores. (On n'indique ni la quantité de spores employée, ni la façon dont elles ont été répandues).

2. — Chez M. Recton fils, au village de Verger, près de Goron, l'expérience a été faite dans une prairie. Dans la partie ravagée de cette prairie (50 ares environ) on avait créé 50 foyers d'infection (morceau de culture sur pomme de terre et sur viande). Les vers blancs y étaient très nombreux.

Le traitement eut lieu en septembre 1891 ; le 30 mai 1892, écrit M. Le Moult, cette prairie est magnifique, on n'y remarque plus aucune trace des ravages des larves.

Mais le plus curieux, c'est qu'une parcelle située en face, de l'autre côté de la route, et qui n'avait pas été traitée, a profité de l'expérience faite dans la prairie, les spores y ayant sans doute été transportées par le vent.

Je viens d'assister au labourage de cette parcelle. Les vers sains y sont encore nombreux, mais on trouve aussi des vers contaminés en très grande abondance (jusqu'à 60 par raie). J'ai déjà ramassé près de 2 000 momies dans ce champ. Or, le travail n'est pas terminé et j'espère bien en recueillir plus de 4 000 (la superficie de ce champ est d'un hectare environ).

On trouve ces momies à divers états d'avancement ; les unes sont complètement envahies par le champignon qui s'est ramifié dans le sol ; la mort de ces insectes doit remonter au mois d'octobre dernier. D'autres larves sont bien recouvertes par le champignon, mais celui-ci n'est pas encore ramifié dans le sol ; la mort doit remonter à plusieurs semaines.

Puis, enfin, l'on trouve des larves dont la mort ne date que de deux ou trois jours seulement. Elles prennent cette teinte rosée que j'ai indiquée comme caractérisant la maladie.

Il est enfin certain que parmi les larves vivantes que l'on trouve dans ce terrain, un grand nombre sont atteintes et ne tarderont pas à périr ; les autres auront certainement le même sort avant la transformation.

Dans le deuxième champ d'expériences, d'une superficie de un hectare, où nous avons créé environ 100 foyers d'infection, j'ai également trouvé des vers contaminés, mais en moins grand nombre ; d'ailleurs, les vers blancs y sont rares, le propriétaire du champ ayant toujours fait ramasser les larves après la charrue.

Mais dans le champ voisin, où les vers étaient extrêmement nombreux, j'ai pu constater le fait déjà cité plus haut : abondance de vers contaminés aux différents états.

Puis, dans un autre champ un peu plus éloigné, j'ai encore constaté la maladie, mais n'ai pu trouver que des larves colorées, ce qui indique que le parasite ne s'y est introduit que tout récemment. Plus on se rapproche des parcelles traitées et plus les vers sont nombreux ; plus on s'en éloigne et plus les momies deviennent rares.

3. — Le 16 juillet 1891, M. Leizour, professeur départemental de la Mayenne, écrivait au *Journal d'agriculture pratique*, t. II, n° 29, p. 74-75 :

Nous touchons enfin à la destruction complète des vers blancs *turcs* ou *mans* qui depuis si longtemps désolent les cultivateurs. L'œuvre est à peu près accomplie dans tout l'arrondissement de Mayenne, que nous avons récemment parcouru et sur les divers points duquel nous avons eu la satisfaction de constater en même temps que la présence du champignon destructeur l'arrêt complet des ravages occasionnés par la larve du hanneton.

Partout cette larve travaillait encore activement il n'y a pas plus de trois semaines et beaucoup de champs d'orge et de sarrazin ont eu à en souffrir ; puis tout à coup on a vu les récoltes atteintes reverdir ; les vers ayant disparu comme par enchantement ! Cette disparition, attribuée par tous à une descente provoquée par les pluies et un abaissement très grand de la température, n'a été au contraire que la conséquence de la dissémination du champignon parasite et de la contamination des insectes.

On les trouve aujourd'hui, à des profondeurs variables, morts et entourés de la moisissure caractéristique ou mourants et présentant tous les caractères des vers atteints par le bienheureux champignon.

Des essais exécutés en pleine terre à la fin du mois de juin nous permettent d'affirmer qu'il suffit d'introduire quelques vers contaminés dans les champs infestés du ver blanc, en ayant soin de les mettre en contact immédiat avec quelques vers sains, pour obtenir rapidement la destruction de tous ceux qui existent dans le champ.

Les agriculteurs chez lesquels le ver blanc n'est pas atteint par la maladie n'ont donc qu'à se procurer, le plus tôt possible, pour profiter des chaleurs de l'été et de l'automne, des vers contaminés avec leur champignon et à les répandre dans leurs champs où ils ne tarderont pas à accomplir l'œuvre de destruction après laquelle ils aspirent [1].

4. — M. Charles Babinet annonce à M. A. Giard les résultats suivants :

Paris, 16 décembre 1891.

..... Mon fils, inspecteur des forêts à Tours, ayant enfoui dans un carré de pépinière de deux ares, le 20 août, 4 ou 5 vers infectés, y a retrouvé le 17 octobre 150 vers, au moins, momifiés par le champignon,

---

1. M. *Delacroix* fait remarquer que la disparition apparente des vers blancs observée par M. Leyzour coïncidait avec leur transformation en nymphes (*Journ. d'agr. prat.*, tirage à part, Librairie agricole, 26, rue Jacob, Paris).

qui, d'ailleurs, étendait de tous côtés dans le sol ses cordons blancs de mycélium parfaitement visibles à l'œil nu. Ailleurs que dans le carré de deux ares le champignon ne s'est développé qu'après les pluies d'octobre. Les vers s'étaient enfoncés plus bas et on n'a rien constaté. Périront-ils quand ils remonteront ?.....

Les lettres que nous venons de citer ont été publiées par M. A. Giard[1], celles qui suivent ont été publiées dans le supplément du *Bulletin du Syndicat central des agriculteurs de France* du 1er avril 1893 ; ces lettres étaient adressées à MM. Fribourg et Hesse.

Nous n'extrayons de ces lettres que les passages concernant les essais en plein champ, négligeant les petites expériences faites dans des caisses ou des pots à fleurs qui ne donnent aucun renseignement intéressant ou nouveau.

5. — *Lettre de M. de Bossercille* (*Maine-et-Loire*) :

21 septembre 1891.

Vous me demandez le résultat de mes essais de contamination des vers blancs. Je suis d'autant plus heureux de vous les transmettre que j'ai été pleinement satisfait des tubes que vous m'avez adressés. Le premier envoi est de fin juillet et le second de septembre. Les premiers tubes étaient destinés à mes propriétés des environs de Segré. Ne pouvant m'occuper moi-même de leur emploi, j'avais envoyé des instructions à mon garde.

Il devait saupoudrer un grand nombre des vers étalés sur des planches et au bout de douze à quatorze heures les mettre dans des boîtes, dont le fond contenait une couche de terre légère (4 à 5 centimètres). Un lit de mousse recouvrant cette terre devait en maintenir l'humidité ; ces boîtes furent placées dans différents locaux, voire même en plein air. C'est dans un appartement presque obscur et sous une tablette de verre que les résultats furent les meilleurs. Les insuccès partiels ont été dus à un excès d'humidité et aussi à une trop grande agglomération de vers. Les animaux se battent, se blessent avec leurs pinces et meurent. Au fur et à mesure que les vers étaient momifiés et bien roses, ils étaient déposés dans les champs avec deux ou trois centimètres de terre en couverture. En dehors de ces essais à l'intérieur, le garde devait saupoudrer des vers sur place sans les déranger. Il a été impossible de constater l'effet produit, les vers pouvant être allés mourir fort loin du lieu de contamination. Cet essai a amené un résultat inattendu.

---

1. A. Giard, *loc. cit.*, p. 93 et suivantes.

Au commencement de décembre, le garde a trouvé sur terre, au milieu d'un champ ensemencé, un ver couvert de mycélium, et ce, à 800 ou 1 000 mètres du point où les spores avaient été répandues.

Je me crois autorisé à conclure qu'il n'a pas été seul atteint et que le vent peut entraîner fort loin les spores du *Botrytis*, les pluies se chargeant probablement de les amener au contact des vers.

Lettre du garde de M. de Bossereille :

J'ai fait hier une bonne découverte en cherchant des vers vivants pour M. Fribourg. Dans le jardin de la ferme où j'avais été voir si un des garçons en train de bêcher la vigne n'en trouvait pas, ayant remarqué quelque chose de blanc sur la terre retournée, je vis un ver parfaitement momifié. J'en ai trouvé cinq, et dans bien des endroits il n'y avait plus que la poussière blanche. Le ver était complètement défait ou bien il ne restait que la tête. Il a dû en être enterré beaucoup que je n'ai pas vus.

Je suis allé dans la prairie où j'avais fait mes premières expériences et j'ai trouvé une dizaine de vers. Là encore, il y en avait qui n'existaient plus, on ne voyait que l'emplacement du ver et une poussière d'un blanc jaunâtre. J'en ai trouvé surtout aux environs des endroits où j'avais semé du *Botrytis*; mais aussi quelques-uns au loin. Il n'y a plus d'erreur possible, le champignon est dans le pays et le premier fermier que je verrai labourer, je suivrai la charrue pour voir si je ne découvrirai pas quelque chose.

Lettre du garde de M. de Bossereille, à Bellevue :

4 février 1892.

Voilà la façon dont j'ai opéré pour contaminer les vers en plein champ. C'est le 8 août que j'ai reçu le premier tube de *Botrytis* de M. Fribourg et que j'ai commencé dans la prairie de la ferme de Riban. J'ai d'abord soulevé l'herbe et saupoudré chaque ver sans les déranger et recouvert ensuite (il est possible qu'en saupoudrant avec la pointe de mon couteau, le vent ait emporté beaucoup de spores de *Botrytis*); dans ces endroits-là je trouve en ce moment beaucoup de vers contaminés. Ensuite, j'ai semé les spores sur la terre et donné un coup d'arrosoir dans un endroit où j'étais sûr qu'il y avait des vers — en ce moment, je trouve dans ces endroits des vers contaminés, mais en moins grande quantité que dans le premier cas.

Enfin, j'ai mis dans la prairie de Riban une trentaine de vers qui avaient passé quarante-huit heures dans du sable mêlé avec le *Botrytis*.

D'après les recherches que j'ai faites, je trouve des vers momifiés un peu partout dans cette prairie (1 kilomètre).

Dans la prairie de la Ribaudière, où j'avais saupoudré et mis des vers ayant passé vingt-quatre heures dans le sable et le *Botrytis*, une dizaine de jours plus tard (vers le 22 août), je trouve aussi des vers momifiés, mais en moins grande quantité.

Dans la prairie de la première, où j'avais fait la même chose, je n'ai rien trouvé, mais là il y a beaucoup d'humidité, et je n'ai pas fait de grandes recherches.

Dans les labours, au nord du Granlrais et de la Martinais et au midi de Bartort, je n'ai rien trouvé. J'en ai trouvé deux momifiés dans les labours à l'est de Riban (devant la maison).

Le plus étonnant, c'est celui trouvé dans le champ de la Chouannière, à 500 ou 600 mètres d'où j'en avais mis.

Je ferais bien, je crois, de voir autre part, à Maraus ou au Lion d'Angers, dans des endroits où l'on n'a pas eu de *Botrytis*, pour voir si je ne trouverais pas de vers momifiés.

S'il y en avait, ce ne pourrait être que le vent qui en aurait apporté de la Mayenne, au moment des labours, et de cette façon, cela marcherait tout seul. Si on n'en trouve pas, il y aurait alors deux façons de propager : par le vent et par contact ; pour ce dernier cas, je crois qu'une boîte à 2, 4 ou 6 compartiments où il y aurait terre ou sable avec de la semence de *Botrytis*, prise bien à point, et où l'on ferait passer vingt-quatre heures à un seul ver seulement par compartiment pour qu'ils ne se tuent pas entre eux. On arrive en peu de temps à contaminer un grand espace.

Les vers que j'ai trouvés dans les champs mis sur du sable sous une cloche ont l'air de se remettre à pousser ; il se forme dessus une petite mousse blanche ; je remarque que, là où j'ai commencé le premier à les expérimenter, je trouve le plus de vers momifiés. Ces derniers sont à cinq centimètres du sol — les vivants sont enfoncés en ce moment jusqu'au fond de la terre — et il est possible qu'il y en ait qui se soient enfoncés avec la maladie et qui soient morts, qu'on ne retrouvera pas.

Cette série d'essais ne nous donne que bien peu de renseignements précis, si on a trouvé, en effet, dans les champs traités et dans le voisinage de ses parcelles, quelques vers muscardinés, le nombre des vers atteints relativement à ceux qui sont restés vivants semble tout à fait insignifiant.

En somme résultat peu appréciable.

6. — *Lettre de M. E. Devaux :*

La Bazoche, 19 novembre 1891.

Vous me demandez des renseignements sur les spores que vous m'avez fournies en vue de la destruction des vers blancs ; je m'empresse de vous les envoyer, heureux s'ils peuvent vous être de quelque utilité.

Après avoir procédé suivant vos indications, les corps de quelques vers blancs contaminés ont été répandus un à un dans une pièce de terre de neuf hectares plantée en betteraves, carottes et pommes de terre. La quantité de vers blancs y était incalculable, ils m'ont détruit les quatre cinquièmes de ma récolte de pommes de terre, et l'on a pu trouver à un pied quarante-deux vers. Pour ce motif, la récolte ayant été faite prématurément, les vers contaminés ont été mis après celle-ci terminée, et voici ce que j'ai constaté.

Lorsque, *vingt-trois jours après*, l'on a commencé les labours pour les blés, 75 à 80 p. 100 des vers retournés par la charrue étaient malades, les uns présentant tous les caractères indiqués dans vos instructions, les autres dans un état moins avancé, mais suffisamment atteints déjà pour n'avoir plus la force de s'enfoncer en terre et mourir sur place. Le succès était tellement évident que plusieurs personnes de ma commune sont venues ramasser des vers pour les mettre sur leurs terres.

Dans mes betteraves, le résultat a été bien inférieur, et c'est à peine si 12 p. 100 des vers étaient atteints quoique le labour eût été fait trois semaines ou un mois après celui de pommes de terre.

Pour moi, en voici le motif. Dans la portion plantée en pommes de terre, comme celles-ci venaient d'être arrachées, les vers se sont remués, ont couru à la recherche de nourriture et, par conséquent, ont répandu la maladie un peu partout ; dans les carottes et betteraves, au contraire, trouvant tout ce qui leur était nécessaire, ils n'ont pas bougé, car le ver blanc est essentiellement sédentaire.

J'en conclus, par conséquent, qu'il est préférable d'ensemencer avec les spores les terres privées de récoltes et venant d'être labourées, la contamination se produisant presque instantanément. Un dernier mot en terminant, pour répondre aux craintes qui m'avaient empêché d'essayer le *Botrytis tenella*, dès son apparition, craintes que je sais être partagées par un grand nombre de personnes.

Environ 250 ou 300 poules ont, selon leur habitude, accompagné les deux charretiers pendant tous les labours ; ce qu'elles ont consommé de vers blancs est incalculable, et pas une n'a été indisposée ; c'est, je crois, la preuve évidente que ces spores ne présentent aucun danger pour les autres animaux.

Le résultat accusé par cette lettre est plutôt *trop favorable*. Il a suffi de distribuer *quelques vers blancs contaminés* sur un espace de *neuf hectares*, pour obtenir en 23 jours la destruction de 75 p. 100 des mans qui ravageaient ces champs.

Or, nous savons qu'il faut *au moins quinze jours* pour qu'un ver contaminé se transforme en momie et produise des spores, qui seules peuvent, à leur tour, transmettre la contagion à d'autres sujets.

Il aurait donc fallu que tous les vers blancs du champ en question soient venus en 2 ou 3 jours se frotter contre les momies sporulées pour devenir malades 5 ou 6 jours après.

Cela nous semble inadmissible et si les 75 à 80 p. 100 des vers signalés dans la lettre comme malades étaient réellement muscardinés, il nous semble beaucoup plus probable qu'on se trouvait là en présence d'une épidémie spontanée.

7. — *Lettres de M. J. Triboudeau (élève diplômé de Grand-Jouan)* :

Grand-Jouan, 13 novembre 1891.

J'ai complètement réussi dans l'essai que j'ai tenté, mais avant de vous répondre, j'ai voulu me rendre compte de l'efficacité du procédé. Hier, j'ai fait labourer la parcelle qui avait porté des betteraves et des carottes et dans laquelle j'avais créé des foyers d'infection. A chaque raie de charrue, les laboureurs trouvent trois à quatre mans plus ou moins contaminés, les uns complètement recouverts du champignon destructeur, enveloppés comme dans un cocon blanc duquel se détachent en rayonnant les filaments du parasite cherchant une nouvelle victime. Les autres ont seulement les premiers anneaux de leur corps attaqués par la terrible moisissure et affectent particulièrement la couleur violacée caractéristique.

Chaque raie mesurant 100 mètres de long, 33 centimètres de large, a donc montré quatre turcs détruits, ce qui représente un nombre de 1 200 par hectare. Il est incontestable que la charrue n'a pas mis à nu toutes les larves et que ce chiffre est un minimum ; nul doute donc que dans la période de trois années qui est nécessaire pour la transformation de la larve en hanneton on ne puisse arriver à détruire tous les vers blancs.

Le 26 mai 1892.

Monsieur,

Depuis mes premiers essais de l'automne dernier, j'ai trouvé sur des parcelles distantes de cinq à six cents mètres du premier champ contaminé un nombre assez grand de larves atteintes par le *Botrytis tenella* et à une profondeur pour quelques-unes d'environ 0^m,30. Ce fait semblerait donc indiquer que par un *moyen quelconque* la transmission et la propagation des spores ont dû s'opérer avant l'hiver ou les premiers froids, que, ceux-ci survenus, les turcs déjà malades s'enfonçant plus profondément ont trouvé la mort dans leurs quartiers d'hiver où ils sont restés momifiés.

8. — *Lettre de M. Prévoteau :*

Augervilliers, 4 mai 1892, par Limours (S.-et-O.).

Il m'est absolument prouvé aujourd'hui que le contact d'une des spores de ces tubes (cultures Fribourg et Hesse) suffit à faire périr un ver blanc, que ce ver, au bout d'un temps variable (de 2 à 3 mois, souvent plus, en hiver), donne une assez grande quantité de spores nouvelles qui donnent la maladie à des vers sains à la condition d'être mises en contact avec eux. De là à prédire le succès de cette méthode il n'y a qu'un pas. Je dois vous rendre compte des expériences qui m'ont fait connaître ces résultats. Dans le mode d'emploi des tubes, j'ai modifié le moyen indiqué en ce sens que j'ai contaminé les vers sur le terrain même, ce qui m'a permis de le faire en moins de temps, puisque je n'avais pas à les ramasser pour les rapporter ensuite. J'ai employé à cet effet un flacon à goulot plus large que les tubes, dans lequel chaque jour je mettais une petite quantité de spores et un petit tampon de ouate fixé au bout d'un fragment d'aiguille à tricoter dont je me servais comme d'un léger pinceau pour saupoudrer les vers blancs. Aux labours de déchaumage, aux derniers labours de jachères, en août et en septembre, j'ai contaminé les vers de place en place par ce procédé et j'avais soin de les replacer dans la terre fraîchement remuée afin de leur éviter l'action du soleil et le choc de la charrue. Aux labours d'octobre, pour ensemencer en blé des terrains ainsi traités, je n'ai pu mettre à découvert une assez grande quantité de larves mortes enveloppées d'une moisissure blanche qui leur donnait l'aspect de cocons de grosses chenilles. J'ai pu constater la maladie dans quelques parties que je n'avais pas traitées, ce que j'ai attribué au transport de spores enlevées de mes flacons soit par le vent, soit par mes vêtements. Je n'ai pas encore pu constater si, dans ces terrains, la maladie gagnait de proche en proche, mais j'ai traité de cette façon des emblavures de trèfle incarnat que je labourerai en juillet, et là, je pourrai être fixé d'autant mieux que l'apparition des hannetons n'ayant lieu qu'en 1893 dans nos contrées, les vers contaminés et morts resteront seuls dans le labour à cette époque, les autres étant enfouis pour la métamorphose.

9. — *Lettre de MM. Westerweller et Rigol, corraterie (Genève) :*

Genève, 7 novembre 1892.

Nous avons mis en terre nos vers blancs badigeonnés conformément aux prescriptions contenues dans votre brochure le 28 juillet. Nous ne disposions pas d'une parcelle entourée de bois ou de chemins et avons fait l'essai dans une parcelle en culture (betteraves et fourrages verts) et dans une prairie contiguë. Nous avons utilisé deux tubes et contaminé environ 200 vers.

Nous venons de labourer les parcelles en culture et avons constaté que nombre de vers sont complètement momifiés, les spores en résultant s'étendent dans le sol à plusieurs endroits et on le constate facilement.

Mais nous avons retrouvé une quantité assez grande de vers parfaitement sains et vigoureux.

10. — *Lettre de M. Pailleret, agriculteur à Vauluisant, par Villeneuve-l'Archevêque (Yonne)* :

26 octobre 1892.

Je vous écris un peu tard, au sujet des tubes que vous m'avez expédiés en juin dernier. J'ai voulu, avant de vous écrire, posséder moi-même des renseignements certains au sujet de la propagation du *Botrytis tenella*. J'ai commencé mes expériences aussitôt les tubes reçus; j'ai obtenu de suite le *Botrytis tenella*, mais tout d'abord avec de nombreux échecs que j'attribue à la sécheresse excessive dont nous avons été affligés cette année. Comme je m'attendais à ce résultat, je n'avais disposé que de la moitié des tubes. J'ai attendu, pour employer l'autre moitié, une bonne pluie d'orage, qui est arrivée en juillet. Immédiatement derrière mes charrues, j'ai placé les vers contaminés ; malheureusement, cette fois encore, la terre est redevenue très sèche puisque nous avons eu deux mois (août et septembre) sans pluie. Néanmoins, au labour donné fin août, j'ai observé des vers momifiés ou atteints par le *Botrytis tenella*, dans la plus grande partie de la pièce de terre où j'avais expérimenté. Toutefois, comparée à l'immense quantité de vers blancs, la quantité était absolument négligeable et la lenteur de la propagation me paraissait un obstacle invincible.

Il y a huit jours, j'ai fait donner le labour de semailles; cette fois-ci, j'ai été émerveillé par la quantité de vers blancs, morts, mourants ou atteints par le *Botrytis tenella*. Dans certains endroits, la terre est remplie de taches blanches de *Botrytis* et la quantité de vers blancs est incalculable. Ici, le résultat est certain et, je puis le dire, a dépassé mes espérances.

A noter qu'il est impossible de se rendre compte du travail fait par les vers contaminés sans faire labourer ou bêcher tout le terrain sur lequel on a opéré, car le ver blanc voyage beaucoup avant de mourir.

Je ne saurais trop engager ceux de mes collègues qui sont affligés par le même fléau à employer le *Botrytis tenella*, et surtout qu'ils ne se découragent pas si, tout d'abord, le résultat ne répond pas à leur attente. Je suis bien décidé à recommencer l'an prochain mes expériences dans plusieurs terrains différents et dans différentes conditions, afin d'étudier avec plus de détails l'existence du bienheureux parasite. La ferme de Vauluisant, par son étendue et la diversité de ses terrains, se prête, du reste, très bien à cette étude.

J'ajoute un détail dans le mode de traitement qui aura peut-être son importance. J'ai suivi, pour la moitié des tubes, la méthode d'inoculation indiquée par la brochure ; je m'empresse d'ajouter qu'elle m'a donné de très bons résultats ; mais j'ai obtenu d'autres résultats non moins bons en opérant ainsi qu'il suit, ce qui est, à n'en pas douter, beaucoup plus simple : je verse dans une petite soucoupe la poudre blanche de *Botrytis* et, suivant dans la raie, derrière la charrue, à l'aide du tampon de ouate qui ferme le tube, je saupoudre le ver blanc dans la raie ; à la seconde raie faite par la charrue, il est immédiatement enterré. Par ce moyen, je supprime toutes les préparations : terrine plate, blanc d'œuf, etc., et, comme je vous l'ai dit plus haut, j'ai obtenu le même résultat. Je n'irai pas jusqu'à conseiller ce procédé qui est peut-être par trop primitif et que je me réserve d'expérimenter.

Je constate seulement le fait.

11. — *Lettre de M. Ovide Benoist, agriculteur à Gas, par Épernon (E.-et-L.)* :

Gas, le 22 mai 1892.

Vers les premiers jours d'avril dernier, vous m'adressiez, sur la recommandation de M. Garola, professeur d'agriculture d'Eure-et-Loir, deux tubes d'essais de votre fabrication du *Botrytis tenella*, et je dois aujourd'hui vous rendre compte du résultat obtenu.

Le premier tube que j'ai employé le fut le lendemain de son arrivée en suivant exactement les prescriptions qui y étaient jointes ; mais, au bout de quinze jours, probablement à cause de la basse température qu'il faisait à cette époque, aucun ver n'était encore contaminé, et ce n'est qu'après un mois, vers les premiers jours de mai, après quelques journées chaudes (le pot était exposé au midi d'un mur pour subir une température plus élevée et fréquemment arrosé), que je pus constater le plein succès du procédé.

Le second tube fut employé huit jours après son arrivée et me donne les mêmes résultats en ce moment ; je puis donc vous assurer de ma satisfaction de la valeur de vos produits, et si l'année dernière, à l'automne, je n'ai pas réussi avec les tubes que vous m'aviez encore gracieusement envoyés, cela a dû dépendre des instructions que vous donniez alors : de ne laisser les vers que six heures en contact avec le ferment pour les disséminer ensuite.

Il me paraît bien aujourd'hui qu'il faut un temps beaucoup plus long, surtout quand la température est basse.

Avec le produit restreint que j'ai déjà obtenu, je compte maintenant contaminer 1 500 vers que j'ai mis à nouveau dans un grand baquet rempli de terre, et alors quand j'aurai obtenu cet abondant ferment de *Bo-*

trytis tenella, je le disperserai sur mes terres infestées de vers blancs, et je pourrai par la suite vous rendre compte des résultats que j'obtiendrai.

Nous avons tenu à citer cette dernière lettre, bien qu'elle ne relate que les résultats d'une expérience faite dans un pot à fleurs, parce qu'elle signale un procédé sur lequel nous aurons à revenir plus loin. Il s'agit de la préparation des momies en grande quantité pour les distribuer ensuite dans les champs envahis.

Nous avons trouvé en tout onze *attestations* favorables. Il est possible qu'on ait obtenu des résultats analogues dans quelques autres cas que nous ne connaissons pas, mais, en admettant même que le nombre de cas dans lesquels on a réussi à propager l'épidémie ait été dix fois supérieur à celui que nous venons d'annoncer, cela ne changerait en rien la conclusion que l'on doit tirer de l'ensemble des essais faits depuis trois ans, c'est-à-dire depuis que l'on a mis les cultures de muscardine à la disposition des agriculteurs.

D'une part, nous constatons que sur 100 essais on n'a eu que tout au plus un succès à enregistrer ; d'autre part, tous ces essais en grande culture, quel qu'en ait été d'ailleurs le résultat, ont été faits dans des conditions telles qu'il est impossible aujourd'hui d'en tirer le moindre renseignement précis.

Tous ces essais ne nous ont appris ni la proportion des hannetons et des vers blancs qui, saupoudrés directement de spores, un à un, succombent muscardinés, — ni le meilleur procédé pour infecter le plus grand nombre de sujets, toutes choses d'ailleurs égales, — ni la proportion et la nature des cultures naturelles ou artificielles qu'il faudrait employer pour obtenir un résultat probable dans un temps et sur un espace donné, — ni dans quelles conditions et dans quelles terres la muscardine peut se développer et pendant combien de temps elle peut conserver sa virulence pour les vers blancs. — En un mot, il est impossible de savoir encore aujourd'hui quel résultat approximatif on pourrait espérer d'obtenir en grande culture, au moyen d'un traitement que des expériences préalables auraient montré le plus efficace, et cela pour la bonne raison qu'on n'a pas songé à faire une seule expérience précise, avant de passer à la pratique.

On a proposé l'application en grand de la muscardine, la préparation et la vente de ce produit est devenue une *affaire commerciale,* bien avant qu'on ait eu le temps d'étudier la question, même au point de vue purement scientifique[1]. Aussi en est-il résulté, comme on devait s'y attendre, que cette méthode qui est appelée peut-être à rendre de grands services à l'agriculture se trouve complètement discréditée aujourd'hui.

« Que serait devenue, dit M. Giard[2], la pratique si utile de la vaccination contre le charbon, quel résultat aurait donné le traitement antirabique par inoculation préventive, si M. Pasteur n'avait gardé en quelque sorte le monopole de ces précieuses découvertes et n'avait surveillé lui-même ou avec l'aide de ses disciples immédiats l'application des nouvelles méthodes ? »

Et nous pouvons ajouter, que seraient devenues ces découvertes si, après les premières expériences de laboratoire, M. Pasteur avait confié la préparation et la vente de ses vaccins à une maison de commerce qui les aurait fabriqués et *lancés* comme on lance dans le commerce un spécifique infaillible quelconque ?

On aurait certainement eu de nombreux accidents à déplorer et le cultivateur, déjà très méfiant et sceptique en ce qui concerne toutes ces *nouveautés,* n'aurait jamais consenti à profiter d'une des plus importantes découvertes de ce siècle.

Le plus mauvais service qu'on ait pu rendre à la cause de la propagation des méthodes scientifiques parmi les cultivateurs et par conséquent à l'agriculture, c'est d'avoir procédé comme on l'a fait pour la muscardine du ver blanc. Non seulement on n'a obtenu aucun résultat appréciable en fait de destruction des hannetons et des vers blancs, mais, ce qui est plus grave, on a appelé *scientifique* une façon d'opérer qui n'avait en réalité de scientifique que le nom.

En résumé, on peut affirmer aujourd'hui, d'une part, que si les essais tentés jusqu'à présent n'ont donné que des résultats peu encou-

---

1. La muscardine a été mise en vente en automne 1890, tandis que le travail de M. Giard, c'est-à-dire le premier travail complet sur l'*Isaria densa,* parasite du hanneton, n'a paru que le 5 mai 1893.

2. A. Giard, *loc. cit.,* p. 86.

rageants, ces mauvais résultats ne sont dus qu'à l'emploi de procédés insuffisamment étudiés; d'autre part que, la destruction des hannetons et des vers blancs par des épidémies naturelles de muscardine étant une chose absolument certaine, il ne nous semble pas impossible de propager ces épidémies.

Il ne faudrait, pour y arriver, qu'entreprendre à nouveaux frais des recherches expérimentales proprement dites. La durée de ces recherches sera peut-être longue, l'étude complète de cette importante question demandera peut-être beaucoup de soins et d'application, mais comme c'est le seul moyen d'arriver à un résultat certain, il se trouvera toujours un nombre suffisant de personnes dévouées à l'agriculture pour entreprendre cette étude dans l'intérêt général.

Étude expérimentale de l'application de la muscardine à la destruction des hannetons et des vers blancs en grande culture.

Nous avons vu dans un des chapitres précédents (p. 34 et suiv.) qu'il y a une différence très marquée entre le mode de transmission des maladies bactériennes et la façon dont peut se répandre une maladie des insectes causée par un champignon entomophyte.

Or, il y a une différence non moins sensible entre les manières dont ces deux genres de maladies et leurs applications éventuelles peuvent et doivent être étudiées.

Les méthodes d'investigation seront, bien entendu, toujours les mêmes en ce que toutes les recherches expérimentales, quel qu'en soit d'ailleurs l'objet, ont de commun : une précision et un contrôle suffisants pour que chaque observation isolée puisse fournir son contingent de renseignements exacts et pour que, de l'ensemble de ces observations recueillies en nombre suffisant, on puisse tirer des conclusions certaines.

Mais si, par exemple, pour l'étude des maladies contagieuses des hommes, il suffit d'avoir à sa disposition un laboratoire bien installé et un certain nombre de sujets d'expérience ; si, dans ce cas, un savant peut, sans pour ainsi dire sortir de son laboratoire, étudier et préparer ses virus ou ses vaccins et les distribuer ensuite avec des instructions suffisantes pour que tout le monde puisse s'en servir et en obtenir des résultats certains et prédits, il n'en est plus du tout de même quand il s'agit d'atteindre des êtres qui vivent dans la terre isolément, ne communiquant entre eux que par hasard et dont la présence sous terre ne nous est révélée que quand ils produisent des ravages visibles à la surface ; quand il s'agit en outre de les atteindre au moyen d'un virus qui ne peut agir que sous une forme et dans des conditions spéciales qu'il faut déterminer.

L'étude de la destruction des vers blancs par la muscardine se trouve précisément dans ce dernier cas.

Le ver blanc vit dans la terre, c'est donc en plein champ, dans son milieu naturel, qu'il faut étudier les moyens de l'atteindre.

Les expériences de laboratoire, bien qu'indispensables, seront, dans ce cas, absolument insuffisantes ; elles nous apprendront la façon de procéder pour préparer les cultures les plus virulentes et pour atteindre le plus grand nombre des sujets en les traitant par inoculation directe, mais ne nous donneront jamais que des indications bien vagues sur le traitement à suivre en plein champ.

Nous ne saurions mieux comparer cette étude qu'à celles de l'application des engrais ou des semences qui demandent, elles aussi, tout d'abord des recherches de laboratoire, ensuite des expériences dans des petits champs d'essai et, en dernier lieu, toute une série d'essais en grande culture.

Pour toutes ces études la collaboration directe de l'agriculteur est absolument indispensable, elle seule donnera des résultats pratiques à la condition toutefois d'être bien dirigée et d'être conduite avec méthode.

Ainsi, en résumé, pour mener à bonne fin l'étude de la destruction des hannetons et des vers blancs par la muscardine, il faut entreprendre un ensemble de travaux, à savoir :

1° Recherches de laboratoire ;

2° Recherches expérimentales dans des petits champs d'essai ;

3° Étude des applications en grande culture.

1° *Recherches de laboratoire.*

Cette partie est la seule de l'ensemble de l'étude qui a reçu jusqu'à présent un commencement d'exécution. Nous savons aujourd'hui avec certitude :

1° Que les spores mûres peuvent donner la maladie aux vers blancs et aux hannetons par simple contact, c'est-à-dire qu'il suffit de déposer sur le corps de ces insectes un certain nombre de ces spores, pour les infecter et les faire mourir muscardinés ;

2° Que ces spores virulentes peuvent être recueillies soit sur des insectes morts muscardinés, soit sur des cultures artificielles de muscardine (cultures sur pomme de terre, sur gélatine ou sur des milieux nutritifs liquides).

Les résultats des expériences de laboratoire faites jusqu'à présent peuvent nous fournir déjà quelques indications intéressantes. Nous citerons toutes celles dont nous avons pu avoir connaissance et que nous avons faites nous-même.

Expériences faites par M. Jean Dufour[1], *directeur de la Station viticole de Lausanne.*

A. — Le 30 juillet, trois gros vers blancs vivants furent placés dans un pot, dans du terreau. On sema directement sur les vers des débris d'un insecte momifié provenant d'un gisement naturel. Le 5 août : un ver mort rose, deux vers vivants. Le 21 août : deux vers morts muscardinés, un vivant. Le 28 octobre : Deux vers muscardinés, un vivant.

B. — Le 30 juillet : trois petits vers blancs de l'année dans du terreau, infectés avec des débris des vers morts. Le 20 août : tous vivants, infectés de nouveau avec la moisissure du pot A. Le 28 octobre : les trois vers sont morts momifiés.

D. — Le 5 août : terre de jardin ordinaire. Dix vers de seconde année infectés avec une culture de MM. Prillieux et Delacroix (culture sur pomme de terre). Cette culture fut raclée au-dessus des vers qui en recevaient ainsi les débris. Le 28 octobre : neuf vers vivants, un seul mort muscardiné.

---

1. Jean Dufour, Note sur le *Botrytis tenella*, etc. (*Bull. Soc. vaud. sc. nat.*, XXVIII, 106.)

E. — Le 5 août : terre forte. Une vingtaine de petits vers blancs. Infection par arrosage d'eau dans laquelle un fragment de culture Prillieux avait été émietté. Le 27 octobre : sept vers vivants, un mort, noir, non infecté, un seul contaminé, complètement recouvert de moisissure. Les autres avaient disparu.

F. — Le 5 août : six vers de seconde année dans un pot avec terre de jardin. Les six vers sont enfouis après avoir été trempés dans de l'eau contenant des débris de culture Prillieux. Le 28 octobre : les six vers morts, attaqués par le champignon; trois sont déjà à demi décomposés. La terre du vase est remplie des masses blanches du *Botrytis*.

G. — Le 2 septembre: mis dans un pot trois vers blancs vivants et deux morts, couverts de moisissure. Le 23 octobre : pas de changement, infection nulle.

Cette série d'expériences nous montre :

1° Que les spores récoltées sur les momies (A et B) ont détruit 5 vers sur 6 ;

2° Que les spores des cultures artificielles sur pomme de terre employées de la même façon à l'état sec n'ont détruit que 2 vers sur 30 (expériences D et E) ;

3° Que les spores des cultures artificielles délayées dans l'eau ont détruit 6 vers sur 6 ;

4° Que 2 vers momifiés enfermés avec 3 vers vivants dans un espace d'environ un décimètre cube n'ont donné aucun résultat.

Le nombre de ces expériences et surtout le nombre de sujets traités est trop restreint pour qu'on puisse en tirer des enseignements précis, toutefois elles tendent à démontrer :

1° Que les spores récoltées sur des momies sont plus virulentes que celles provenant de la culture artificielle qui a été employée dans ce cas particulier ;

2° Que, toutes conditions d'ailleurs égales, l'infection par contact direct est plus certaine en employant des spores délayées dans un liquide qu'en les employant à l'état sec.

M. G. Delacroix [1] a fait une série d'expériences sur les vers blancs et sur les hannetons.

Pour infecter les *vers blancs* il a employé le procédé que nous

---

1. *Journal de l'agriculture pratique*, n°ˢ des 23 et 30 juillet, 6 et 13 août 1891.

avons indiqué plus haut. En saupoudrant les vers blancs bien sains de spores à l'état sec et en laissant ces vers disposés sur une mince couche de sable humide pendant 4 à 6 heures, de façon à ce qu'ils ne puissent pas se débarrasser de leurs spores en s'enfonçant dans la terre, M. Delacroix a obtenu, en moyenne, l'infection des quatre cinquièmes des vers blancs traités. Dix à quinze jours après l'opération, les vers morts muscardinés étaient déjà couverts de moisissure.

Pour infecter les *hannetons,* M. Delacroix a enfermé ces insectes dans un cristallisoir et les a aspergés à l'aide d'un pulvérisateur, de spores délayées dans de l'eau stérilisée.

« Les 20 et 21 juin : 134 hannetons ainsi traités furent placés dans un panier avec des feuilles fraîches. Le 23 juin : 65 hannetons avaient péri ; pas de trace de moisissure sur leur corps. On les retira et ils furent placés sur du sable humide sous une cloche.

Le 26 juin, une seconde série de 42 hannetons, et le 30 juin une dernière de 27 étaient retirés morts sans moisissure visible et placés dans les mêmes conditions que les premiers.

De la première série (65 hannetons) on observa sur un seul la moisissure caractéristique qui commença à s'y développer après un séjour de 5 jours en chambre humide ; les autres pourrirent.

De la deuxième série, 30 sur 42 s'infectèrent ; dans la troisième série l'infection s'opéra sur les 27 hannetons sans exception. Ce sont donc les hannetons qui ont vécu le maximum de temps (9 jours) chez qui l'infection a le mieux réussi. C'étaient les plus jeunes. Et, fait remarquable, pas une seule des femelles infectées n'a pondu. »

M. Delacroix conclut de cette expérience qu'en traitant des hannetons jeunes, autant que possible le jour même de leur sortie de terre, on arriverait à les infecter presque tous.

Une expérience analogue a été faite par M. Fontaine[1], membre de la Société d'agriculture de Melun.

M. Fontaine a opéré sur 1 000 hannetons enfermés dans une caisse avec une couche de terre de 20 centimètres. Sur les 1 000 hannetons sau-

---

1. Supplément du *Bulletin du Syndical central des agriculteurs de France* du 1ᵉʳ avril 1893.

poudrés de spores, 700 sont rentrés en terre, 300 sont morts à la surface.
Deux mois après l'opération, on a trouvé :

	HANNETONS	
	morts muscardinés.	morts non muscardinés.
Dans la terre.	329	371
A la surface	60	240
En tout.	389	611

Le 29 décembre 1893, nous avons enfermé dans une caisse de 80 centimètres de long sur 60 centimètres de large et 60 centimètres de haut
250 vers blancs de deuxième année.

Les vers blancs ont été disposés sur cinq couches superposées séparées
les unes des autres par des couches de terre de 6 à 8 centimètres. Pour
nourrir les vers blancs, des pommes de terre ont été répandues à profusion sur chaque couche.

Tous les vers blancs ont été saupoudrés de spores à l'état sec (1re culture de M. Delacroix).

La caisse, recouverte de mousse et arrosée de temps en temps, a été
placée dans une serre où régnait une température constante de 12 à 15°.

Le 7 mai 1894, la caisse a été ouverte et la terre tamisée. Il a été trouvé :

Vers blancs morts muscardinés couverts de moisissure qui a poussé des ramifications dans la terre de tous côtés. . . .	96
Vers blancs morts muscardinés rouges	8
Vers blancs vivants et bien portants.	50
Vers blancs morts non muscardinés ou disparus	96
Total	250

Les 50 vers blancs vivants ont été trouvés presque tous au fond
de la caisse où ils sont descendus pour se transformer en nymphes.
(Maintenus pendant les trois mois d'hiver dans une serre chaude,
les vers blancs en expérience pouvaient se transformer deux mois
plus tôt que dans les conditions ordinaires.) On peut donc les consi-
dérer comme définitivement échappés à la contagion.

En somme, en saupoudrant les vers blancs avec des spores à sec,
nous avons obtenu leur destruction par la muscardine dans la proportion de 41 p. 100.

Le 21 mai 1894, 95 hannetons ont été enfermés dans un bocal, saupoudrés de spores à sec (deuxième culture préparée par nous-même),

laissés ainsi pendant 3 heures et enfermés ensuite dans une grande cage à moitié remplie de terre.

Le 29 mai : 45 hannetons morts à la surface de la terre, les autres, soit 50 hannetons, enterrés. Les hannetons trouvés à la surface de la terre ont été placés dans une chambre humide.

Le 2 juin, nous trouvons :

Des 45 hannetons placés en chambre humide, 22 muscardinés ;

Des 50 hannetons enterrés, 47 muscardinés.

En tout 79 hannetons muscardinés sur 95 mis en expérience, soit environ 82 p. 100 infectés.

Simultanément, nous avons traité 90 hannetons en les trempant dans un liquide sucré et acidulé dans lequel nous avons délayé des spores de la même culture.

Le 2 juin, nous avons trouvé, sur 90 hannetons, 61 hannetons, soit environ 70 p. 100, muscardinés.

En résumant les résultats de toutes les expériences que nous venons de citer, nous voyons que les procédés employés jusqu'à présent ont donné *au laboratoire* des résultats favorables dans la proportion de 40 à 50 p. 100, c'est-à-dire que sur 100 insectes (hannetons ou larves) traités, 40 à 50 ont succombé muscardinés et 50 à 60 ont échappé à la contagion. Ces expériences qui, au point de vue de la qualité des cultures employées, avaient presque toutes été faites dans des conditions différentes, et dont le nombre est *tout à fait insuffisant* pour qu'on puisse en tirer des renseignements précis, nous ont montré par contre qu'il nous reste encore à chercher et à bien déterminer au laboratoire les points suivants :

1° La composition et la préparation des milieux nutritifs et des cultures artificielles qui donneraient les meilleures garanties au point de vue de la virulence et du nombre des spores ;

2° Le mode d'emploi de ces spores pour obtenir, toutes conditions d'ailleurs égales, les résultats les plus satisfaisants, c'est-à-dire pour contaminer la plus forte proportion des sujets (vers blancs ou hannetons) traités ;

3° L'état de développement des vers blancs le plus favorable à l'infestation ;

4° La façon de procéder pour obtenir des spores virulentes aux prix les plus réduits.

Ces données connues, il sera possible de procéder, en connaissance de cause, aux expériences en plein champ.

2° *Recherches expérimentales en pleine terre.*

Nous venons de le voir, les expériences de laboratoire ne nous apprendront, en somme, qu'à préparer de bonnes cultures virulentes et à contaminer les vers blancs dans des pots à fleurs.

Pour apprendre comment il faut procéder pour atteindre les vers blancs dans leur milieu naturel, il est indispensable de refaire une série d'expériences en pleine terre.

En effet, il s'agit de déterminer dans quelles conditions, sous quelle forme et en quelle quantité la muscardine doit être introduite dans la terre pour s'y développer et atteindre les vers blancs qui s'y trouvent.

« Il eût été intéressant, dit M. Giard [1], de faire en grand et dans des conditions variées de saison, de terrain, etc., des expériences d'infection artificielle conduites avec méthode et d'une façon rigoureusement scientifique. »

L'insuccès de toutes les tentatives faites jusqu'à présent pour établir des foyers d'épidémie dans les champs envahis par les vers blancs nous montre que cette étude expérimentale et rigoureusement scientifique ne serait pas seulement intéressante, elle est *absolument indispensable;* elle seule peut nous apprendre s'il est possible de détruire les vers blancs par la muscardine et comment il faut procéder pour y arriver.

Continuer à employer en grand les procédés conseillés jusqu'à présent serait perdre bien inutilement du temps et de l'argent.

Ne fallait-il pas, en effet, une certaine dose de naïveté pour s'imaginer qu'on atteindra les vers blancs en semant sur un champ des spores à raison de quelques tubes ou de quelques boîtes à l'hectare, ou bien en y enfouissant des petits morceaux de cultures sur pomme de terre ou des larves préalablement contaminées, tous les 10, 20 ou même 50 mètres?

Le seul conseil que l'on puisse donner aux agriculteurs aujourd'hui,

---

1. A. Giard, *loc. cit.*, p. 92.

c'est de commencer sans tarder l'étude expérimentale proprement dite qui seule peut nous donner des renseignements précis et qui ne produira de résultats appréciables qu'avec le concours effectif des cultivateurs.

Cette étude n'est ni bien difficile ni compliquée ; pour la mener à bonne fin il suffit de procéder avec méthode, noter avec soin les faits observés et la poursuivre pendant un, deux ou trois ans, c'est-à-dire le temps nécessaire pour obtenir des résultats définitifs.

Au lieu de répandre la muscardine au hasard, à une dose plus ou moins arbitraire sur toute l'étendue des champs envahis par les vers blancs, il faut commencer par employer la quantité nécessaire de ce produit sur un petit champ — spécialement choisi et préparé dans ce but — pour y obtenir des vers momifiés en aussi grande quantité que possible.

Le champ réservé doit être préparé de la façon suivante :

1° Choisir un terrain de préférence bien envahi par les vers blancs et aussi éloigné que possible des habitations pour que les oiseaux de la basse-cour ne puissent pas y pénétrer ;

2° L'entourer d'un petit fossé de 80 centimètres de profondeur pour le garantir d'une inondation et aussi pour empêcher les vers blancs d'en sortir ;

3° Répandre sur ce champ de la muscardine à profusion en y semant des spores délayées dans l'eau ou à l'état sec, ou bien en y enfouissant des cultures sur pomme de terre ou des vers blancs préalablement contaminés par la méthode de MM. Prillieux et Delacroix, à raison d'au moins 100 par mètre carré (ce dernier procédé nous semble, jusqu'à nouvel ordre, présenter les garanties les plus sérieuses) ;

4° Semer sur ce champ du gazon, de la luzerne ou toute autre plante dont les vers blancs sont friands ;

5° Éloigner du champ ainsi préparé les taupes et les oiseaux qui pourraient manger les vers blancs ou les momies.

Dans les conditions les plus favorables, l'infection deviendra manifeste 15 à 20 jours après l'opération ; dans ce cas, les momies produiront des spores deux ou trois mois plus tard et pourront communiquer la contagion à d'autres vers blancs. Dès ce moment

on pourra jeter dans le terrain réservé tous les vers blancs vivants et bien portants que l'on pourra ramasser au moment des labours.

En admettant qu'on aura procédé à l'installation du champ réservé le 1er avril, on pourra faire une première fouille le 1er mai et alors, si le résultat est favorable, c'est-à-dire si l'on trouve des vers blancs momifiés ou malades, on pourra y jeter tous les vers blancs vivants qu'il sera possible de se procurer pendant toute la durée de la belle saison, c'est-à-dire jusque vers le 15 octobre.

A ce moment il sera nécessaire de constater le premier résultat obtenu.

On verra :

1° A la première fouille (le 1er mai) la proportion des vers contaminés par la culture artificielle employée en premier lieu ;

2° A la deuxième fouille (le 15 octobre), si la maladie s'est propagée d'elle-même aux autres vers qu'on aura introduits dans le champ d'expériences depuis le 1er mai et, — en comptant les vers momifiés et ceux qui sont restés encore vivants, — la proportion des vers contaminés de cette façon.

Durant la première année, les vers momifiés et les vivants doivent être laissés en place.

Au printemps suivant, il y aura lieu d'examiner à nouveau l'état des cultures et d'alimenter le champ réservé en vers blancs vivants jusqu'en octobre ou en novembre.

Dans le courant de la deuxième année on pourra déjà commencer à prendre des momies dans le champ réservé (en choisissant celles qui seront les plus mûres et sur lesquelles la moisissure se sera le mieux développée) pour les répandre dans d'autres endroits infestés par les vers blancs ou pour contaminer des hannetons.

Pour obtenir des résultats décisifs, l'expérience doit être continuée au moins encore pendant une troisième année ; elle doit durer au moins aussi longtemps qu'un cycle d'évolution complète du hanneton, de l'œuf à l'œuf.

En suivant une telle expérience avec méthode et en notant soigneusement les faits observés (la proportion des vers morts muscardinés) ainsi que la nature du sol du champ d'expériences et les conditions atmosphériques pendant la durée de l'expérience, on apprendra à connaître toutes les données qui nous manquent encore relativement aux procédés à suivre pour détruire les vers blancs en grande culture. On apprendra notamment :

1° La proportion des vers blancs qui peuvent être détruits par la muscardine dans un temps donné ;

2° Les conditions de développement de la muscardine dans la terre.

Mais ce n'est pas là le seul avantage d'une telle façon de procéder. L'établissement d'un champ d'expériences dans les conditions que nous venons d'indiquer, tout en nous fournissant des renseignements précis et indispensables, permettra *seul* de multiplier les foyers naturels de la muscardine et de mettre, en même temps, les germes de cette maladie à la disposition de tous les intéressés sans autres frais et manipulations que l'entretien de ces champs une fois qu'ils seraient établis.

D'autre part, les spores récoltées sur les vers blancs ou les hannetons muscardinés étant *plus virulentes* que celles produites sur des milieux nutritifs artificiels, les cultivateurs auront toujours à leur disposition une muscardine présentant beaucoup plus de garantie au point de vue de son efficacité que les cultures artificielles en tubes ou en boîtes.

En un mot les champs d'expériences deviendront dans la suite des « gisements momifères », véritables pépinières dans lesquelles on pourra puiser des momies pour les répandre sur les terres envahies par les vers blancs.

L'étendue de ce gisement ne peut pas être fixée d'avance d'une façon bien précise, sa richesse dépendra naturellement de la quantité des vers blancs qu'on y aura enfouie ; nous croyons toutefois que chaque mètre carré du champ réservé fournira une quantité suffisante de momies pour traiter ensuite avec succès un hectare de terrains envahis.

Pour une ferme de 50 hectares, il faudra donc un champ réservé de 50 à 60 mètres carrés, pour une commune dont le territoire aurait 3 000 hectares d'étendue, il faudrait un champ de 300 à 350 mètres carrés.

Les frais de premier établissement d'un gisement momifère s'élèveront, au maximum, à 5 fr. par mètre carré ; mais il ne faut pas oublier que cette dépense serait faite une fois pour toutes, qu'une fois établi, un tel gisement durera aussi longtemps qu'il y aura des hannetons et des vers blancs pour l'alimenter.

En procédant ainsi, chaque cultivateur pourra préparer sa muscardine comme il prépare aujourd'hui son fumier et ce n'est qu'à cette *seule condition* — quand chaque intéressé produira sa muscardine lui-même et en aura à sa disposition des quantités suffisantes sans autres frais qu'un peu de travail et de persévérance, quand, par cela même, la muscardine pourra être répandue partout, dans toutes les contrées envahies par les hannetons — que cette merveilleuse découverte donnera le résultat que l'on est en droit d'en attendre.

En résumé, la muscardine ne deviendra une arme réellement efficace contre les hannetons et les vers blancs que dans les conditions suivantes :

1° Quand on aura déterminé par une série d'expériences en pleine terre les conditions de développement du champignon dans la terre et son action sur les hannetons et les vers blancs ;

2° Quand, dans toutes les contrées envahies par ces insectes, chaque cultivateur aura à sa disposition et emploiera une muscardine réellement virulente et en quantité suffisante pour obtenir des résultats appréciables, c'est-à-dire quand tous les cultivateurs intéressés auront établi des champs d'expériences pour en faire, dans la suite, des « gisements momifères ».

Avant de terminer ce chapitre il nous faut dire quelques mots sur la possibilité de multiplier la muscardine en la cultivant sur des milieux nutritifs artificiels de façon à remplacer éventuellement les « gisements momifères » par des gisements de cultures artificielles.

En principe, il n'est point impossible de découvrir pour la muscardine un milieu nutritif qui donnerait des cultures non seulement aussi virulentes, mais même plus virulentes que celles qui viennent directement sur les hannetons ou les vers blancs. Malheureusement ce milieu nutritif n'est pas encore trouvé ; bien au contraire, on sait que les reports successifs sur les milieux nutritifs connus et essayés jusqu'à présent affaiblissent progressivement la virulence de la muscardine de sorte que les quatrièmes ou cinquièmes reports ne produisent plus aucun effet sur les insectes.

Pour préparer des cultures artificielles de muscardine dans les laboratoires en assez grande quantité pour pouvoir les mettre ensuite à la disposition des cultivateurs, on procède actuellement de la façon suivante :

Les spores recueillies sur un ver blanc ou un hanneton momifié sont ensemencées sur des pommes de terre stérilisées en tubes. C'est ce qu'on appelle le premier report ou la première culture.

Ce premier report ne donne généralement pas des cultures pures ; pour les purifier il faut prendre des spores de la première culture pour les réensemencer sur une deuxième série de pommes de terre. On obtient ainsi des « deuxièmes cultures » qui sont généralement pures mais qui, par les deux reports successifs, ont perdu, à chaque réensemencement, un peu de leur virulence.

Ce sont ces « deuxièmes cultures » qui peuvent être mises à la disposition des cultivateurs qui, s'ils voulaient les multiplier à nouveau par réensemencement sur d'autres milieux nutritifs artificiels, n'obtiendraient, par conséquent, que des « troisièmes cultures » nécessairement encore moins virulentes que les précédentes.

Ce serait là déjà un inconvénient bien grave et il ne serait pas le seul. La muscardine cultivée en pleine terre, dans un milieu non stérilisé, serait promptement envahie par d'autres moisissures que le cultivateur n'aurait aucun moyen de reconnaître et il serait nécessairement amené à employer souvent, en pure perte, des produits absolument inoffensifs.

Donc, jusqu'à nouvel ordre, le seul procédé rationnel pour multiplier la muscardine de façon à en rendre l'emploi possible partout, est de la cultiver sur des vers blancs.

La matière première, pour faire ces cultures, n'est malheureusement pas prête à manquer. En ramassant des vers blancs pour établir des gisements momifères on en débarrassera d'autant les champs et quand il n'y en aura plus, il n'y aura plus besoin de muscardine pour les détruire.

Épidémies naturelles.

La *muscardine rose* est une maladie naturelle du hanneton et du ver blanc, il est donc très probable qu'elle a existé toujours, sinon partout, là où il y avait des hannetons, en obéissant dans son évolution aux mêmes lois que toutes les maladies contagieuses, c'est-à-dire apparaissant et disparaissant successivement avec plus ou moins d'intensité et d'étendue.

Ainsi que l'indique M. Giard[1], des épidémies causées très probablement par le même champignon que celle observée à Céaucé par M. Le Moult, ont déjà été signalées par J. Reiset en France en 1867 et par Bail et de Bary en Allemagne en 1869.

M. Le Moult a le premier suivi une de ces épidémies pendant plusieurs mois pour se rendre compte de son extension et de ses effets.

S'inspirant des travaux de MM. Metchnikoff et Krassilstchik sur la destruction du *Cleonus punctiventris* au moyen des cultures artificielles d'*Isaria destructrix*, et conseillé par M. Giard, M. Le Moult s'est mis à la recherche d'un champignon parasite spécial au ver blanc. Il a trouvé le premier gisement naturel de vers blancs momifiés à Céaucé, dans une propriété appartenant à M. Le Marchand.

L'une des prairies surtout, dit-il dans une note présentée à l'Académie des sciences[2], présentait un aspect des plus lamentables. Les vers blancs y étaient si nombreux que l'herbe n'avait plus de racines. C'est là que nous fîmes nos fouilles les plus sérieuses, celles qui ont enfin récompensé nos efforts.....

Au nombre des larves que nous mettions à découvert, nous en avons trouvé dont la mort était de date assez récente et qui présentaient cette particularité qu'elles étaient complètement couvertes d'une sorte de moisissure blanche envahissant toute la masse et se développant dans tous les sens à travers la terre.....

La proportion des vers atteints par rapport aux vers sains était d'environ 10 p. 100.....

Nous avons pensé que les observations faites sur le terrain même, dans

1. A. Giard, *loc. cit.*, p. 87.
2. *C. R.*, 3 novembre 1890.

la prairie où nous avons découvert le parasite du ver blanc, présenteraient à la fois plus d'intérêt et d'exactitude.....

M. Le Marchand avait décidé de faire labourer sa prairie dès les premiers jours de septembre. Nous lui demandâmes de réserver une zone d'environ 10 mètres carrés dans la partie contenant la plus grande quantité de vers malades. La partie épargnée par la charrue devait nous servir de champ d'expériences.

La prairie n'a d'ailleurs pas été labourée et ne le sera probablement pas, nous en donnerons tout à l'heure la raison.....

Nous avions constaté au mois de juillet que les vers atteints par le champignon représentaient environ 1/10 des larves trouvées dans le terrain. Le 10 septembre, nous avons fait pratiquer de nouvelles fouilles, la proportion des vers atteints était d'environ 65 à 70 p. 100.....

Enfin, il n'est pas jusqu'à l'aspect général de la prairie qui n'ait subi une transformation complète.

Au mois de juillet, l'herbe complètement flétrie n'adhérait plus au sol. Au mois de septembre, au contraire, et malgré la sécheresse, la prairie se trouvait complètement reverdie et l'herbe ne pouvait plus s'arracher à la main, tandis que la prairie voisine, située dans les mêmes conditions sous le rapport de la nature du terrain, de la pente, de l'arrosage et de l'exposition, était demeurée complètement desséchée, le gazon s'enlevait avec la plus grande facilité.

Le 28 septembre, nous avons fait de nouvelles fouilles sur le terrain réservé. Cette fois, il nous a été presque impossible de trouver des vers vivants, tandis que les vers parasités se rencontraient en grand nombre. Leur présence nous était toujours signalée par de longues traînées blanches formées par les filaments des champignons et s'écartant toujours de 7 à 8 centimètres du point de départ.....

Depuis, on a trouvé des gisements naturels de vers blancs momifiés un peu partout. M. Giard en signale plusieurs qu'il a observés lui-même ou qui lui ont été signalés par ses correspondants. Nous-même nous avons trouvé des vers blancs muscardinés à Sceaux (Seine), dans plusieurs localités du département de Seine-et-Marne, dans des endroits où on n'a jamais fait usage de cultures artificielles.

Enfin M. Gouin, président du comice agricole du canton de Vertou (Loire-Inférieure), a signalé d'abord dans le *Journal de l'agriculture pratique* et nous a communiqué ensuite par lettres une série d'observations très intéressantes, concernant une épidémie naturelle de muscardine sur une étendue de plus de 100 hectares.

M. Gouin a constaté la présence de vers momifiés sur toute l'étendue de ses terres en juin 1892. Il a suivi cette épidémie durant toute la belle saison de l'année 1893 et a recommencé ses observations en 1894.

En 1891 (deuxième année de vers blancs), dit M. Gouin, malgré l'abondance de vers blancs, on n'a pas trouvé un seul ver malade. En juin 1892 (vers blancs de 3° année), on trouve partout des momies et des vers malades.

L'épidémie semble disparaître en juillet avec la descente des vers blancs et leur transformation en nymphes pour reparaître en automne sur des hannetons en terre.

En 1893, apparition de l'épidémie dès le début du printemps sur toute l'étendue de mes terres et principalement dans les prairies et autres champs non labourés, excepté dans mon jardin potager.

En 1894, apparition de l'épidémie en avril. J'ai trouvé pour la première fois des vers roses et momifiés dans mon jardin, mais seulement dans une partie qui n'a reçu aucun labour depuis neuf mois. Dans les parcelles labourées en mars, beaucoup de vers blancs bien portants, pas un seul malade.

Les ouvriers de M. Gouin affirment que, antérieurement à 1891, ils trouvaient fréquemment dans les champs des vers blancs et des hannetons couverts de moisissure ; l'un d'eux se rappelle même qu'en 1859 presque tous les vers blancs que l'on découvrait au labour étaient muscardinés.

Cette série d'observations montre d'une façon indiscutable que *dans certaines régions la muscardine des hannetons et des vers blancs règne à l'état endémique* et on est en droit d'en conclure que dans les champs *où on réussira à créer des foyers d'épidémie, la maladie s'étendra peu à peu d'elle-même et y persistera pendant de longues années.*

Il est très probable que partout, dans les terrains où elle peut se développer, l'*Isaria* vit dans la terre à l'état *saprophyte*, qu'elle atteint d'abord les sujets prédisposés à contracter la maladie et que, ayant régénéré sa virulence en passant par le corps des premiers vers blancs atteints, elle devient ou redevient *parasite*. En infectant d'une façon continue des vers blancs ou des hannetons, au moyen des cultures artificielles, on maintiendra constamment la virulence du champignon, et en multipliant les foyers épidémiques, on aidera simplement la nature à répandre rapidement la maladie et à la rendre plus intense.

CHAPITRE III

LES CHAMPIGNONS PARASITES QUI ONT ÉTÉ EMPLOYÉS JUSQU'A PRÉSENT A LA DESTRUCTION DES INSECTES NUISIBLES

Le nombre des champignons entomophytes, c'est-à-dire des champignons qui s'attaquent aux insectes vivants et en déterminent la mort, connus aujourd'hui, est déjà assez considérable. Il est très probable que grâce à des recherches nouvelles, on finira par trouver un parasite spécial à chaque espèce nuisible d'insectes ou bien qu'en améliorant et en modifiant les procédés de laboratoire et les milieux de culture on arrivera à pouvoir infecter avec la même facilité plusieurs espèces d'insectes avec le même champignon.

Au point de vue de leur application pratique, un bien petit nombre seulement de ces champignons ont été étudiés et expérimentés ; aussi, dans ce travail qui n'a d'autres prétentions que de montrer aux cultivateurs les résultats obtenus dans la pratique et la voie à suivre pour faire de nouvelles expériences, nous bornerons-nous à examiner en détail les seuls cas dans lesquels cette méthode a été appliquée en grande culture et a donné des résultats appréciables.

Muscardine verte (Isaria destructrix).

Son application à la destruction du « hanneton des blés » (Anisoplia austriaca) *et du « coléoptère des betteraves »* (Cleonus punctiventris) *en Russie.*

En 1878, M. *Metchnikoff*[1], alors professeur à l'Université d'Odessa et actuellement professeur à l'Institut Pasteur, s'inspirant des tra-

---

1. E. Metchnikoff, *Zool. Anz.*, 1880. p. 44.

vaux de De Bary sur l'*Isaria farinosa*, s'est mis à la recherche d'un champignon parasite du hanneton des blés (*Anisoplia austriaca*) qui faisait alors beaucoup de ravages dans les provinces méridionales de la Russie.

M. Metchnikoff ne tarda pas à trouver des larves atteintes et tuées par divers parasites et principalement par une « muscardine verte » qu'il appela d'abord *Entomophthora anisopliæ* et ensuite, son attention ayant été attirée par le professeur Cienkowski sur la ressemblance de sa muscardine avec les Isariæ, *Isaria destructrix*.

Peu de temps après, il trouva la même maladie causée par la *muscardine verte* sur un autre insecte, le *Cleonus punctiventris* qui ravage les champs de betteraves.

M. Metchnikoff est arrivé promptement à cultiver sa muscardine sur des milieux nutritifs artificiels et notamment sur du moût de bière stérilisé et à infecter avec les spores provenant de ces cultures les *Anisoplia* et les *Cleonus*, ces derniers à tous les états de leur développement.

Pour obtenir ces spores en grande quantité, M. *Cienkowski* procédait d'une autre façon : il plaçait les chenilles infectées par le champignon dans des boîtes d'une certaine grandeur, remplies avec de la terre et, à mesure que les chenilles mouraient, il en introduisait de nouvelles. Puis il mélangeait la terre avec les cadavres desséchés et pulvérisés, et de cette façon chaque particule de terre renfermait une grande quantité de spores de *muscardine verte* (terre de muscardine, poudre de champignons). C'est cette poudre qu'il répandait dans les champs pour infecter les larves des hannetons du blé.

Cienkowski admettait que, pour obtenir un résultat satisfaisant, il faudrait couvrir la terre d'une couche continue de spores. D'après ses calculs et ceux des professeurs *De la Rue* et *Saikewitch*, il faudrait environ 90 litres de *spores pures* ou le double, soit 180 litres, de *terre muscardinée* pour un hectare.

En 1884, M. *Krassilstchik*, de l'Université d'Odessa, a mis à profit les travaux de *Metchnikoff* et de *Cienkowski* pour fonder, avec le concours de quelques propriétaires intéressés, un laboratoire à Sméla, près de Kieff, dans le but de produire en grand des spores de *muscardine verte* et de les répandre sur les champs envahis par les *Cleonus*.

Ainsi que l'indique M. *Le Moult* dans sa communication à l'Académie des sciences de 1890, ce laboratoire a fonctionné pendant 4 mois et a produit 55 kilogr. de spores. Ces spores ont été répandues dans les champs à raison de 8 kilogr. par hectare, elles ont déterminé la destruction des insectes dans la proportion de 55 à 80 p. 100. — Tous les frais de cette opération ne dépasseraient pas 10 fr. à l'hectare.

« Après que l'usine que j'avais construite à Sméla, dit M. *Krassilstchik* dans une lettre adressée à M. Giard et publiée par M. Le Moult, eut démontré à tous que la production industrielle des parasites végétaux est devenue un fait accompli et que les essais que j'ai faits en plein champ, bien que sur une échelle restreinte, eurent prouvé l'action mortelle du parasite sur le *Cleonus,* quelques-uns de nos cultivateurs de betteraves se sont résolus à construire une plus grande usine afin de produire assez de spores pour faire un essai sur une vaste échelle. Il s'agissait de poursuivre ces essais pendant deux ans et, si le résultat en était favorable, on n'aurait qu'à élargir les dimensions de l'usine qui deviendrait alors l'usine définitive. Cette résolution une fois prise, je me suis mis à l'œuvre. L'usine de Sméla fut fermée; un endroit fut choisi où le *Cleonus* est toujours en abondance. Le devis de la construction de l'usine que j'ai fait fut adopté et les fonds nécessaires furent accordés par un groupe de dix cultivateurs de betteraves qui voulaient être les fondateurs de l'entreprise. Toute l'affaire semblait alors mise dans la bonne voie et il ne nous restait plus qu'à aborder l'exécution de notre dessein.

« Mais voilà que tout d'un coup une crise vint éclater sur notre production de sucre provoquée par une surproduction des betteraves.

« Dans ces conditions, et vu la disposition des esprits, aucune raison ne se présentait de déclarer la guerre au *Cleonus.* »

En résumé, les travaux et les expériences des savants russes ont montré *qu'il est possible de trouver sur les insectes qui envahissent en grand nombre les champs cultivés, des champignons parasites qui les détruisent et que ces champignons peuvent être cultivés sur des milieux nutritifs artificiels et, pour ainsi dire, fabriqués industriellement.*

Maladies contagieuses : « Sporotrichum globuliferum », « Empusa aphidis » et « Micrococcus insectorum ».

Leur application à la destruction du « Chinch bug » (Blissus leucopterus, Say, punaise des blés) *aux États-Unis d'Amérique.*

Le *Chinch bug* a été signalé pour la première fois en Amérique en 1781 dans la Caroline du Nord. Depuis, à mesure que s'étendaient les terres cultivées, cet insecte s'est répandu dans tous les autres États, en ravageant les céréales et quelques légumineuses.

En 1850, *William le Baron* écrivait dans le *Prairie Farmer :* « Il est peu probable qu'on trouvera jamais un moyen préventif ou destructif pour arrêter la dévastation causée par ces insectes. » En effet, aucun des moyens chimiques ou mécaniques employés jusqu'à ces derniers temps n'a donné de résultats appréciables.

En 1891, le gouvernement de l'État de Kansas a chargé M. *T. H. Snow,* professeur à l'Université de Lawrence, d'installer, auprès de cette université et de diriger une station expérimentale ayant pour but « de propager les maladies contagieuses ou infectieuses qui sont supposées pouvoir détruire les *Chinch bugs* ». Cette station a été installée en mars 1891 ; en avril 1892, M. Snow[1] publia son premier *report,* un travail admirable de précision, dans lequel il refait l'historique des études antérieures des maladies contagieuses des insectes aux États-Unis, décrit en détail ses méthodes de recherches et la manière de procéder pour répandre la contagion dans les champs, et enfin, indique les résultats obtenus en appuyant ses conclusions par plusieurs centaines de rapports envoyés par les cultivateurs qui ont appliqué les procédés préconisés par lui.

Une carte de l'État de Kansas indiquant les points et les régions traitées et les résultats obtenus complète ce travail remarquable à tous les points de vue.

Suivant les notices bibliographiques contenues dans l'ouvrage de

---

1. F. H. Snow, *Report of the Exp. Stat. of Kansas.* Lawrence, 1892 et 1893.

M. Snow[1], la première observation d'une épidémie bien caractérisée parmi les *Chinch bugs* a été faite par M. *Henry Shimer* en 1865. (*Proceedings of the Acad. of hatn. sc. of Philadelphia*, vol. XIX, 1867, p. 75-80.)

16 juillet 1865. — Dans les parties basses et humides des champs, on trouve un grand nombre de larves mourantes sans cause apparente.

22 juillet. — Grand nombre de jeunes insectes morts, la maladie s'étend des terrains bas sur les collines.

28 juillet. — On trouve partout des insectes mourants et morts à tous les stades de leur développement.

8 août. — La plupart des *Chinch bugs* (stade imago) détruits. L'extension de la maladie est plus rapide que celle du choléra asiatique parmi les hommes. Il reste un insecte vivant sur mille de ceux qui étaient encore vivants et bien portants en juin.

13 septembre. — Trouvé, après une journée de recherches, seulement deux *larves* et quelques *imago* vivants dans toute la région précédemment envahie par les *Chinch bugs*.

En 1866, au printemps, il a été impossible de trouver un seul insecte vivant; pendant les récoltes, on a trouvé en tout quelques spécimens dans les localités précédemment envahies.

M. Shimer n'a pas pu déterminer les causes de cette épidémie, il dit en terminant : « Les maladies contagieuses sont les agents de destruction de beaucoup les plus importants et les plus actifs dans la lutte contre les animaux nuisibles. »

D'autres épidémies ont été signalées depuis par plusieurs naturalistes américains, sur plusieurs espèces d'insectes.

M. *Cyrus Thomas* (*U. St. Dep. of interior*, Bulletin de l'année 1879) signale une destruction des mouches domestiques en 1849 par une épidémie due à un champignon ; en 1872 il a observé une épidémie parmi les criquets dans les États de Minnesota, Dakota et Iowa ; en 1877 une destruction complète de la larve des *Caloptenus spretus*.

M. *S. A. Forbes*[2], St. ent. de l'Illinois, a cherché le premier à connaître les causes et les agents actifs de ces épidémies.

Aidé dans la détermination des microbes trouvés par M. *T. J. Bur-*

---

1. *Ibid,* p 245
2. *Reports of the Illinois State Entomologist,* 1882 à 1892.

rill, professeur de botanique et de bactériologie à l'université d'Illinois, M. Forbes a publié entre 1882 et 1892 une série de travaux sur cette question. Il a reconnu que les maladies observées chez les *Chinch bugs* sont causées par trois microbes différents, deux champignons entomophytes : une *Entomophtorea* (*Empusa aphidis*), un *Botrytis* ou *Isaria* (*Sporotrichum globuliferum*) et une *Bactériacée*, le *Micrococcus insectorum*. Il a reconnu ensuite que ces trois microbes peuvent être cultivés sur des milieux nutritifs artificiels, liquides et solides, et peuvent infester plusieurs espèces d'insectes.

Ayant reçu de M. *R. Thaxter* une culture de *Sp. globuliferum* sur gélose prise sur une larve de *Copipanolis vernalis*, il a réussi à infecter avec les spores provenant de cette culture des *Chinch bugs*, des imago de *Cecropia*, des *Aphis* et d'autres pucerons et des *Tentredines*.

« Il semble démontré, dit-il, que le *Sp. globuliferum* est un entomophyte capable d'atteindre beaucoup d'espèces d'insectes vivants, à tous les états de leur développement, que son action commence à se manifester deux jours après l'infection, mais que la formation des spores mûres demande 9 à 10 jours. La maturité complète des spores est nécessaire pour atteindre les insectes vivants..... L'action de ce champignon ne devient manifeste que quand son développement et son extension rapides sont favorisés par un ensemble de conditions météorologiques et entomologiques convenables. »

En 1888, le Dr Otto Lugger (*Bulletin n° 4 of the Univ. of Minnesota Agr. Exp. St.*) signale la destruction complète des *Chinch bugs* qui ont envahi les cultures du champ d'expériences de la station, par une épidémie naturelle due au *Micrococcus insectorum* et à une *Enthomophtorée*.

Des spécimens malades et morts de ces maladies ont été envoyés et distribués dans plusieurs fermes du sud du Minnesota ; partout il s'en est suivi une disparition complète des *Chinch bugs*.

Dans la même année (1888) M. *F. M. Webster* (*Bulletin 22, Div. Ent. U. St. Dep. of Agr.*) a fait une série d'expériences sur les conditions de l'infection des *Chinch bugs* en plein champ. Il a noté que, par un temps humide et doux, l'épidémie s'est étendue en 18 jours à un quart de mille du point initial.

C'est aussi en 1888 que M. *Snow* a commencé à s'occuper de cette question.

Il a reconnu que les trois maladies des *Chinch bugs* qu'il trouvait constamment dans les champs et dans ses cultures de laboratoires étaient dues au *Micrococcus insectorum,* à une muscardine grise, l'*Empusa aphidis,* et à une muscardine blanche considérée par M. *Thaxter* comme une *Isaria,* mais qu'il considère plutôt comme un *Trichoderma* ou un *Sporotrichum* et qu'il assimila en définitive au *Sporotrichum globuliferum* Spegazzini.

Après une série d'expériences au laboratoire et dans les champs, poursuivies pendant trois ans, M. *Snow* a adopté, pour détruire les *Chinch bugs,* la méthode suivante :

Après avoir fait ramasser dans un champ précédemment traité 10 000 *Chinch bugs* morts infectés, il s'est procuré ensuite environ 20 000 de ces insectes vivants et bien portants qu'il a enfermés dans une grande cage et infectés en y jetant un certain nombre de *Chinch bugs* muscardinés du lot de 10 000 précédemment ramassés.

Ensuite, il a installé un certain nombre de « vases à infection » dans lesquels il traitait les insectes qui lui étaient adressés par les cultivateurs.

Ayant fait ainsi une provision suffisante d'insectes infectés, il a fait annoncer qu'il tenait à la disposition des cultivateurs intéressés des *Chinch bugs* infectés pouvant servir à la propagation de l'épidémie dans les champs envahis par ces insectes et en envoyait un certain nombre à tous ceux qui lui en faisaient la demande.

Chaque envoi était accompagné d'une note ainsi conçue :

« Je vous adresse une petite boîte contenant quelques *Chinch bugs* infectés et vous prie de les employer suivant les instructions ci-dessous indiquées et de m'annoncer les résultats que vous aurez obtenus.

« Mettre dans un récipient les insectes envoyés avec 10 ou 20 fois autant de *Chinch bugs* bien portants et les laisser ensemble pendant 36 à 48 heures. Ensuite jeter les morts et les vivants dans les champs à traiter. Suivre de près et noter soigneusement les résultats appréciables.

« Les *Chinch bugs* doivent commencer à mourir dans les champs 5 jours après la distribution des insectes infectés.

« Je vous prie de me faire parvenir un rapport aussi détaillé que possible sur la façon dont vous avez procédé. Je suis, en effet, très désireux de découvrir la meilleure méthode de propagation de ces maladies. »

En procédant ainsi, M. *Snow* envoyait aux cultivateurs des lots de *Chinch bugs* dans lesquels il y avait presque toujours des spécimens atteints respectivement par l'un des trois microbes ci-dessus indiqués ; de sorte qu'il y avait dans chaque lot les germes de toutes ces maladies, du *Sporotrichum*, de l'*Empusa* et du *Micrococcus*, et que, c'est la maladie dont le germe trouvait au moment donné les conditions les plus favorables à son développement, qui prenait dans les champs une importance prédominante et s'étendait le plus rapidement.

C'est ainsi, comme il ressort des rapports des cultivateurs, que, depuis le mois d'avril jusque vers la fin de juin, pendant un temps relativement frais et humide, c'est le *Sporotrichum* qui s'est développé le mieux et a donné les résultats les plus satisfaisants ; tandis qu'en juillet, août et septembre, comme le temps était sec et chaud et par conséquent peu favorable au développement du *Sporotrichum*, mais par contre très favorable au développement du *Micrococcus* [1], c'est ce dernier qui a provoqué des épidémies de beaucoup les plus meurtrières et à marche beaucoup plus rapide que celles dues aux muscardines.

La muscardine grise (*Empusa*) n'a été signalée dans les champs que du 20 juin au 1er août, mais jamais seule, toujours en compagnie du *Sporotrichum* et du *Micrococcus*.

Chacune de ces maladies et notamment celles causées par le *Sporotrichum* et le *Micrococcus* se manifestent par un ensemble de caractères particuliers qui permettent de faire un diagnostic certain dès le début de l'infection.

Sporotrichum. — La maladie causée par la « muscardine blanche » commence à se manifester 2 à 4 jours après l'infection. Les *Chinch*

---

1. Voir Schmidt : *Die Nonne* (Liparia monacha), etc... Ratibor, 1893.

bugs encore vivants quittent les plantes sur lesquelles ils vivent et montrent des signes d'inquiétude en courant rapidement et sans but de place en place. Le jour suivant ils deviennent paresseux et cherchent à fuir la lumière et la chaleur en se cachant sous les mottes de terre, sous la paille, ou en se réunissant dans les endroits ombragés et humides. Du 6e au 8e jour on commence à trouver des *Chinch bugs* couverts de moisissure. Dès ce moment l'épidémie se propage très rapidement.

Micrococcus. — Les *Chinch bugs* atteints par le *Micrococcus* se réunissent sur le sol en groupes et s'attachent les uns aux autres de façon à former des grappes plus ou moins volumineuses[1]. Cette maladie, *véritable choléra des insectes*, est plus prompte dans ses effets et son extension plus rapide et plus intense que celles causées par les muscardines.

En 1891, 2 000 cultivateurs environ ont eu recours au procédé de M. *Snow* pour détruire les *Chinch bugs*. De ces 2 000 cultivateurs, 1 400 lui ont adressé des rapports détaillés, dont 1 071, soit 76.55 p. 100 accusent des résultats complètement satisfaisants, 147, soit 10.51 p. 100, des résultats douteux, et 181, soit 12.94 p. 100, des résultats négatifs.

En 1892, on a opéré dans 3 500 fermes différentes. Sur ces 3 500 cas M. *Snow* a reçu 1 732 rapports dont 1 044, soit 67.9 p. 100, accusent des résultats complètement satisfaisants, 120, soit 7.8 p. 100, douteux, et 372, soit 24.3 p. 100, négatifs.

En résumé, M. Snow a obtenu sur 3 132 cas contrôlés, 2 115 succès (destruction complète des insectes nuisibles). Des expertises officielles ont permis d'évaluer que les récoltes sauvées de cette façon représentent une valeur de 1 520 675 fr. et que ce résultat a été obtenu au prix d'une dépense totale de 19 150 fr., ce qui représente pour chaque cultivateur, en moyenne, une plus-value en récoltes de 745 fr.

Ce sont là des résultats indiscutables ; les maladies contagieuses propagées d'une façon rationnelle ont seules eu raison d'un insecte qui ravageait les récoltes des États-Unis depuis plus d'un siècle et contre lequel tous les autres moyens employés sont restés impuissants.

---

1. Voir Schmidt : *Die Nonne* (Liparia monacha), etc... Ratibor, 1896.

CHAPITRE IV

MÉTHODES A SUIVRE POUR INFECTER LES INSECTES VIVANT A LA SURFACE ET CEUX QUI VIVENT ENFOUIS DANS LA TERRE

Pour détruire les vers blancs au moyen de la *muscardine rose*, M. *Le Moult* a suivi la méthode indiquée par M. *Krassilstchik*.

Il a fait répandre sur les champs infestés par les vers blancs des spores préparées en grand sur des milieux nutritifs artificiels.

Il aurait pu se faire que, par un hasard heureux, ce procédé donnât des résultats satisfaisants; dans ce cas on n'aurait eu qu'à suivre les indications de M. Le Moult, sans se préoccuper autrement des conditions de développement et d'existence du champignon parasite et des insectes qu'il s'agissait d'atteindre.

Malheureusement, le hasard n'a pas favorisé M. Le Moult; comme nous l'avons vu plus haut, les tentatives d'infection des vers blancs dans les champs n'ont pas été jusqu'à présent couronnées de succès.

Bien au contraire, les nombreux essais d'infection des vers blancs faits en France pendant près de quatre ans ont montré d'une façon incontestable que dans la lutte avec ces insectes les procédés de MM. *Krassilstchik* et de *Snow* ne pourront jamais donner des résultats appréciables.

On se trouve là, en effet, en présence de cas absolument dissemblables, tant au point de vue entomologique que mycologique.

Le *Cleonus* comme le *Chinch bug* sont des insectes qui font le plus de ravages à l'état d'*imago* ou de larves, vivant à la surface ou très près de la surface du sol, se déplaçant facilement en courant d'une plante à une autre et, par conséquent, se trouvant fréquemment en contact les uns avec les autres. En répandant des spores virulentes même en quantité relativement petite sur les champs infestés par ces insectes on a beaucoup de chances de les atteindre directement et il est possible d'admettre *à priori* que les sujets qui ont pu échapper à ce premier traitement direct s'infecteront dans la suite par contact avec les sujets morts contaminés.

L'extension rapide des épidémies est encore favorisée dans ces deux cas par ce fait, que la *muscardine verte* employée contre le *Cleonus* et les deux *muscardines* (*Sporotrichum* et *Empusa*) dont s'est servi M. *Snow* pour détruire les *Chinch bugs* sont des champignons à évolution rapide.

Il leur faut 8 à 12 jours dans des conditions normales pour passer par tous les stades de leur développement et produire des spores mûres, *virulentes*.

Quant au *Micrococcus insectorum*, la maladie causée par ce microbe est contagieuse aussitôt après l'infection et peut être propagée par des sujets atteints encore vivants.

Il était donc relativement facile, dans ces conditions, de créer des foyers d'infection et d'admettre logiquement que, ces foyers une fois établis, l'épidémie se propagera d'elle-même rapidement sur toute l'étendue des champs envahis par les insectes qu'il s'agissait d'atteindre. Les résultats obtenus en Russie et surtout aux États-Unis ont montré qu'il en est effectivement ainsi.

Or, les conditions d'existence des *vers blancs* ne ressemblent en rien à celles du *Cleonus* et du *Chinch bug*, pas plus que les conditions de développement de la *muscardine rose* ne ressemble à celles des *muscardines* précitées.

On sait, en effet, que les vers blancs se tiennent enfouis dans la terre à des profondeurs variant entre 10 et 20 centimètres en été et 30 à 60 centimètres en hiver, qu'ils ne viennent jamais d'eux-mêmes à la surface, qu'ils se déplacent peu, vivent isolés et peuvent, par conséquent, ne jamais se rencontrer les uns les autres. D'autre part on sait que la *muscardine rose* est un champignon à évolution relativement très lente, qu'il faut attendre un, deux et parfois même trois mois pour qu'une culture sur ver blanc ou sur pomme de terre donne des spores bien mûres.

Ce sont là des faits qui, à première vue déjà, permettent de préjuger que les procédés employés par MM. *Krassilstchik* et *Snow* ne peuvent pas être appliqués tels quels à la destruction des vers blancs.

Il nous semble même impossible d'admettre qu'un naturaliste tant soit peu au courant des conditions de développement de la *muscardine rose* et des conditions d'existence des *vers blancs*, ait jamais pu

espérer d'atteindre ces derniers dans une proportion appréciable, en répandant sur les champs des spores à raison de quelques tubes ou même de quelques kilogrammes de cultures sur pomme de terre, ou en enfouissant ces mêmes cultures dans le sol à raison d'un petit morceau pour 10 ou 20 mètres carrés [1].

L'expérience suivante prouve bien, croyons-nous, qu'il n'y a pas de doute possible à ce sujet :

Nous avons placé 100 vers blancs de 2e année dans 10 pots à fleurs à moitié remplis de terre. Ces vers blancs ont été recouverts d'une couche de terre de 2 centimètres d'épaisseur sur laquelle nous avons répandu le contenu d'un tube de culture sur pomme de terre (tubes Le Moult) par pot. Ensuite, nous avons rempli les pots de terre jusqu'en haut et nous y avons semé du blé et du gazon. Pour arriver

---

1. Ce sont pourtant ces procédés qui ont été adoptés et conseillés par M. Le Moult dont toute la bonne volonté et toute l'énergie digne d'éloges déployée dans la lutte acharnée et désintéressée contre le hanneton ne pouvait compenser le manque de connaissances spéciales indispensables non seulement pour mener à bien une pareille entreprise, mais pour prévoir et apprécier les difficultés de toutes sortes que l'on rencontre toujours dans ce genre de recherches.

M. Le Moult, s'il n'a pas été le premier à découvrir le parasite du hanneton et du ver blanc, a eu le grand mérite de le chercher et de le retrouver au moment où personne n'y pensait plus. Il a été le premier en France qui ait songé à l'utiliser comme moyen de destruction et surtout, qui ait attiré sur cette importante question l'attention des savants et des cultivateurs. En outre, président du syndicat du hannetonnage du canton de Gorron (Mayenne), il a créé presque tous les syndicats de hannetonnage existants en France ou provoqué leur création. Ce sont là des services importants rendus à l'agriculture et des titres que personne ne songe à lui disputer. Nous reconnaissons même volontiers que, si nous nous occupions bien antérieurement de « zoologie appliquée », c'est la grande publicité donnée aux premières notes communiquées par M. Le Moult sur le parasite du hanneton, à l'Académie des sciences, qui nous a montré toute l'importance de cette question et qui nous a décidé à nous y consacrer entièrement. Mais M. Le Moult, il le reconnaît lui-même, n'est pas naturaliste, et comme l'étude des maladies contagieuses des insectes et de leurs applications, étude d'autant plus difficile et compliquée que cette science est toute nouvelle et ne repose encore que sur des observations bien peu nombreuses, demande une préparation spéciale. M. Le Moult s'est exposé à des échecs fort regrettables et imprévus pour lui. Son concours est par contre tout indiqué quand il s'agira d'appliquer en grand les procédés suffisamment étudiés et expérimentés. En groupant les agriculteurs, en organisant des syndicats, non seulement de hannetonnage, mais, en général, de défense contre tous les animaux nuisibles, et en propageant les méthodes de défense réellement scientifiques, il sera dans son rôle et rendra à l'agriculture des services tout aussi importants.

aux racines, les vers blancs étaient donc obligés de traverser la couche des spores.

Le contenu de ces 10 pots a été vérifié 34 jours après et *nous n'avons pas trouvé un seul ver blanc muscardiné.*

Une couche de terre de 2 centimètres a donc suffi, malgré des arrosages fréquents, à garantir les vers blancs de toute contagion pendant plus d'un mois.

D'autres expériences faites simultanément avec les mêmes cultures nous ont prouvé que, bien que fortement atténuées, ces cultures étaient encore assez virulentes pour infecter en moyenne 4 vers blancs sur 10, traités par contact direct.

Nous avons vu aussi plus haut (p. 69) que M. Cienkowski évaluait à 90 litres la quantité nécessaire de *spores pures* à répandre sur un hectare pour atteindre les larves du hanneton des blés ; or, pour obtenir 90 litres de spores pures, il faudrait environ 10 quintaux métriques de cultures sur pomme de terre.

Pour trouver un procédé rationnel d'infection des insectes dans les champs, il faut donc tenir compte de toutes les particularités qui caractérisent d'une part le développement du champignon parasite que l'on veut employer, d'autre part le genre de vie des insectes visés.

Pour expliquer la propagation des maladies contagieuses parmi les êtres qui vivent sur la terre, on admet généralement que les germes de ces maladies ont dû être absorbés avec l'air inspiré, les aliments ou l'eau de boisson, en un mot que ces êtres ne peuvent s'infecter qu'à la condition de vivre dans un milieu infecté lui-même, c'est-à-dire contenant des germes pathogènes en quantité suffisante.

Or, les vers blancs qui vivent dans la terre ne seront atteints par la muscardine que quand cette terre elle-même sera suffisamment infectée, quand le germe virulent du parasite vivra et se développera dans la terre.

C'est ce qu'on observe, en effet, en suivant avec attention et pendant plusieurs années de suite les épidémies de muscardine dans leurs stations naturelles (voir les observations de M. Gouin p. 67). Il nous semble impossible de s'expliquer l'apparition, à un moment donné, des vers blancs momifiés, un peu partout sur une vaste étendue, autrement qu'en admettant la préexistence du champignon parasite dans ces terres.

Ce qu'il faudrait chercher, par conséquent, dans le cas particulier de la destruction des vers blancs par la muscardine, ce n'est donc pas autant à atteindre directement les vers blancs, qu'à provoquer le développement de la muscardine dans les terres qu'il s'agit de préserver de leur invasion.

Ce serait là, du moins, la seule méthode basée, nous semble-t-il, sur l'ensemble des données connues jusqu'à présent.

En résumé, les insectes qui vivent à la surface de la terre, sur les tiges, les feuilles ou les fleurs des plantes, tels que les hannetons, les *Cleonus,* les *Chinch bugs,* les taupins, les sylphes, les mouches de blé, les pucerons, les charançons, la plupart des insectes parasites de la vigne, etc., etc., peuvent être traités avec succès par les méthodes adoptées par MM. *Krassilstchik* et *Snow,* c'est-à-dire en répandant des spores virulentes à la surface des champs ou sur les plantes envahies. Dans tous ces cas l'infection directe d'un certain nombre d'insectes est très possible et l'épidémie pourra se propager ensuite d'elle-même toutes les fois que le microbe employé sera une *bactériacée* ou une *muscardine* à évolution rapide.

Par contre, on ne peut espérer d'atteindre et de détruire au moyen des maladies contagieuses les insectes (principalement des larves) qui vivent enfouis dans la terre et s'attaquent aux racines, qu'en infectant la terre elle-même, c'est-à-dire qu'en provoquant dans cette terre le développement des champignons parasites.

Dans ce dernier cas, l'application de microbes pathogènes à la destruction des insectes nuisibles présente bien des difficultés, elle demandera certainement encore beaucoup et de longues études; ces difficultés ne semblent pourtant pas insurmontables.

Les épidémies naturelles qui déciment les vers blancs et probablement beaucoup d'autres larves vivant dans les mêmes conditions, prouvent d'une façon indiscutable qu'il est possible de réaliser dans la terre les conditions nécessaires au développement des muscardines, le tout est de savoir comment s'y prendre, et les recherches expérimentales conduites avec méthode ne manqueront pas de nous l'apprendre.

En tous cas, il nous semble bien démontré aujourd'hui que, dans la lutte avec les animaux nuisibles, la méthode inaugurée par M. *Metchnikoff* et suivie avec tant de succès par les naturalistes américains *est la seule qui a donné jusqu'à présent des résultats satisfaisants et indiscutables, la seule qui peut nous assurer la victoire.*

Conseils pratiques pour contaminer les vers blancs et les hannetons et pour établir des foyers d'infection dans les champs.

Pour infecter des vers blancs on peut se servir de hannetons ou de larves momifiées, ou bien de cultures artificielles.

Les momies, comme les cultures artificielles, ne peuvent être employées utilement que quand elles contiennent des spores bien mûres.

Les momies sont mûres quand la moisissure qui les recouvre est pulvérulente et d'une teinte gris jaunâtre.

Les cultures artificielles de muscardine peuvent être faites sur différents milieux nutritifs préalablement stérilisés, le plus souvent on les fait sur des bâtons de pommes de terre à demi cuites sous pression, avec un peu de jus sucré et acidulé, dans des tubes en verre.

Si les tubes sont bien préparés et contiennent de la muscardine bien virulente, les bâtons de pommes de terre présentent une coloration *rouge violacé ou lie de vin foncée* et sont entièrement couverts de moisissure.

Les cultures qui n'ont donné à la pomme de terre qu'une coloration rose tendre ou jaunâtre sont généralement plus ou moins fortement atténuées; leur emploi ne peut donner que des résultats peu appréciables.

Il est assez facile de se rendre compte de l'état de développement de la muscardine dans les tubes. Il faut secouer le tube, et alors, si les spores sont bien mûres, elles se détacheront de la pomme de terre et formeront à l'intérieur du tube un nuage gris jaunâtre, semblable à de la farine bise ; dans le cas contraire, la moisissure restera adhérente à la pomme de terre.

Seule, la poussière qui se détache facilement de la pomme de terre peut être utilement employée pour l'infection des hannetons et des vers blancs.

Il est bon de ne prendre dans les tubes pour s'en servir que la poussière qui se sera détachée seule après quelques secousses ; reboucher ensuite et laisser le tube en repos pendant quelques jours. Chaque tube peut servir plusieurs fois et on n'utilisera chaque fois que des spores mûres.

Pour contaminer les vers blancs, il faut procéder de la façon suivante :

1° Faire ramasser des vers blancs en aussi grande quantité que possible. On les prend avec précautions, pour ne pas les blesser, et on les place dans des paniers ou autres récipients avec de la terre, pour qu'ils ne meurent pas en se blessant les uns les autres ;

2° Choisir un endroit peu éclairé (grange, remise ou écurie) et répandre par terre les vers blancs ramassés, de façon à ce qu'ils ne puissent pas se toucher et se blesser les uns les autres ;

3° Verser le contenu des tubes, en les secouant fortement, dans une assiette, un bol ou un récipient quelconque, prendre, avec un petit pinceau, la poussière blanche qui se détache de la pomme de terre et toucher les vers blancs un à un, de façon à les saupoudrer de spores (s'il reste des spores attachées aux parois intérieures des tubes, il faut rincer ces derniers avec un peu d'eau et toucher les vers blancs avec un pinceau trempé dans cette eau) ;

4° Laisser les vers blancs, ainsi saupoudrés de spores, pendant trois ou quatre heures ;

5° Ramasser les vers blancs ainsi traités et les placer en pleine terre, en les enfouissant à dix ou quinze centimètres de profondeur et à dix centimètres de distance l'un de l'autre. — Il faut placer, au moins, 100 vers blancs contaminés sur un mètre carré, en choisissant les parcelles qui ont le plus à souffrir ;

6° Les bâtons de pommes de terre, dont on a enlevé les spores avec le pinceau, doivent être coupés en quinze ou vingt petits morceaux et enfouis en même temps que les vers contaminés.

Pour que le traitement que nous venons d'indiquer devienne

réellement efficace et donne des résultats appréciables, il faut l'appliquer de la façon suivante :

1° Mettre à profit les travaux des champs pour commencer à faire ramasser les vers blancs au printemps, aussitôt qu'ils seront remontés près de la surface, et continuer ainsi pendant la durée de la belle saison, c'est-à-dire jusqu'en octobre. Les vers ramassés dans la journée, pendant les labours et autres travaux des champs, doivent être traités le soir et enfouis le lendemain matin ;

2° *Établir des gisements momifères* pour avoir constamment de la muscardine bien virulente à sa disposition. Isoler une petite parcelle de quelques mètres carrés en l'entourant de planches, de feuilles de tôle ou d'ardoises enfoncées dans la terre à 30 ou 40 centimètres de profondeur ; enfouir dans ce champ des vers blancs contaminés par le procédé ci-dessus indiqué, en raison d'une centaine par mètre carré ; jeter ensuite, dans ce champ réservé, en les enfouissant à cinq ou dix centimètres de profondeur, tous les vers blancs que l'on pourra se procurer. En procédant ainsi, on aura, un an après l'établissement du champ réservé, une quantité suffisante de vers muscardinés pour traiter les champs envahis par les vers blancs, sans avoir recours aux cultures artificielles.

En résumé : 1° employer des cultures artificielles pour créer des foyers d'infection dans les parcelles qui ont le plus à souffrir (au lieu de répandre les vers blancs contaminés en les enfouissant un à un à 5 ou 10 mètres de distance, comme on l'a conseillé jusqu'à présent, il faut en enfouir 50 à 100 par mètre carré, de place en place, dans les parcelles qui ont le plus à souffrir) ; 2° établir des gisements momifères pour avoir toujours de la muscardine bien virulente à sa disposition.

Pour contaminer les hannetons, il faut :

1° Enfermer les hannetons dans des seaux, des pots ou autres récipients analogues ;

2° Répandre sur eux des spores en raison d'un tube de culture sur pomme de terre pour 200 ou 300 hannetons en moyenne ;

3° Les laisser enfermés ainsi pendant cinq ou six heures ;

4° Les relâcher ensuite et les laisser s'envoler.

Une partie des hannetons contaminés succomberont avant de s'enterrer et se couvriront de moisissure qui sera répandue partout par le vent. D'autres mourront muscardinés dans la terre et propageront la maladie parmi les vers blancs.

Les vers blancs et les hannetons momifiés peuvent conserver leur virulence pendant au moins deux ans.

Les foyers d'infection créés en pleine terre y persisteront pendant plusieurs années de suite, tant qu'il y aura des vers blancs pour les alimenter.

BIBLIOGRAPHIE

1. **J. Krassilstchik**. — *De insectorum morbis, qui fungis parasitis efficiuntur.* (*Bulletin de la Soc. des naturalistes de la Nouvelle-Russie*, T. XI, 1886 [en russe].)

   Analyse critique en français par M. Giard. (*Bulletin scientifique de la France et de Belgique*, T. XXII. 1889. p. 120.)

2. **F. H. Snow**. — *Contagious diseases of the Chinch Bug* (1er, 2e et 3e Report 1892, 1893 et 1894. — *University of Kansas, Lawrence*).

   S. A. Forbes. — *Studies of the contagious diseases of Insects*. (*Bulletin of the Illinois State Lab. of nat. Hist.*, vol. II, 1886).

   — *The Chinch Bug in 1894. Contagious diseases, experiments, etc....* (*Office of the state Entomologist of Illinois*. Bulletin no 5.)

3. **Hofmann**. — *Die Schlaffsucht (Flacherie) der Nonne (Liparis monacha), etc....* (Frankfurt-a.-M. 1891.)

   Alexander Schmidt. — *Die Nonne (Liparis monacha), Lebensweise u. Bekämpfung, etc....* (Ratibor, 1893.)

   — *Die Bekämpfung der Nonne*. (*Zeitschr. für Forstwirtschaft u. Jagdwesen.* XXV. 1893, p. 218.)

   Dorrer. — *Das Ende der Nonnen-Kalamität in Württemberg.* (*Forstwissenschaftl. Centralbl.* XV. 1893, p. 73-81.)

   C. von Tubeuf. — *Die Krankheiten der Nonne.* (*Forstlich-naturwissenschaftliche Zeitschr.* I. 1892. II. 1.)

   — *Ueber die Erfolglosigkeit der Nonnenvernichtung durch künstliche Bakterieninfectionen.* (*Ibid.* II. 1893, p. 113-126.)

   F. Tangl. — *Bakteriologischer Beitrag zur Nonnenraupenfrage.* (*Forstwissenschaftl. Centralbl.* XV. 1893, p. 209-230.)

   Schren (von). — *Bekämpfung der Nonnenraupen durch Infection mit Bacillen.* (*Forstwissenschaftl. Centralbl.* XV. 1893, p. 343-347.)

4. **Alfred Giard**. — *L'Isaria densa (Link) Fries, champignon parasite du hanneton vulgaire (Melolontha vulgaris).* [*Bulletin scientifique de la France et de Belgique.* XXIV. 1893.]

5. **F. Loeffler.** — *Ueber Epidemien unter den im hygienischen Institute zu Greifswald gehaltenen Mäusen u. über die Bekämpfung der Feldmäuseplage. (Centralbl. für Bakteriologie u. Parasitenkunde.* Bd. XI, n° 5, 1892, p. 129-141.)

— *Die Feldmäuseplage in Thessalien u. ihre erfolgreiche Bekämpfung mittels des « Bacillus typhi Murium ». (Ibid.* Bd. XII, n° 1, p. 1-17. 1892.)

H. Laser. — *(Centralbl. f. Bakteriol. u. Parasitenk.* 1893. Bd. XIII.)

K. Kornauth. — *Die Bekämpfung von Mäuseplagen durch den Loefflerschen Mäusebacillus. (Centralbl. für das gesammte Forstwesen.* Wien, 1893.)

J. Danysz. — *Les campagnols. (Revue scientifique,* n° 11, 2ᵉ semestre 1893.)

— *Application des cultures artificielles des microbes pathogènes à la destr. des petits rongeurs.* (C. R. 1893.)

Stanislaw Chetchowski. — *Tepienic srkodnikow roslin. (Gazeta Rolnicza,* 1894, n°ˢ 20 et 21.)

TABLE DES MATIÈRES

                                              Pages

IMPORTANCE DES PERTES ET ORGANISATION DES MOYENS DE DÉFENSE.   1

CHAPITRE Ier

LES MALADIES DES RONGEURS NUISIBLES.   5

Le virus n° 1   13
Premières expériences   15
Application en grande culture, dans les jardins et dans les
    magasins   16
Instructions   20
Mode d'emploi du virus n° 1   24
Le virus n° 2   26
Instructions   30
Mode d'emploi du virus n° 2   31

CHAPITRE II

LA MUSCARDINE DU HANNETON COMMUN (*Melolontha vulgaris*).   32

Modes d'emploi préconisés et résultats obtenus jusqu'à pré-
    sent   36
Étude expérimentale de l'application de la muscardine à la des-
    truction des hannetons et des vers blancs en grande culture.   52
Épidémies naturelles.   65

CHAPITRE III

LES CHAMPIGNONS PARASITES QUI ONT ÉTÉ EMPLOYÉS JUSQU'A
PRÉSENT A LA DESTRUCTION DES INSECTES NUISIBLES   68

Muscardine verte (*Isaria destructrix*)   68
Maladies contagieuses : *Sporotrichum globuliferum*, *Empusa
aphidis* et *Micrococcus insectorum*   71

CHAPITRE IV

Pages.

MÉTHODES A SUIVRE POUR INFECTER LES INSECTES VIVANT A LA SURFACE ET CEUX QUI VIVENT ENFOUIS DANS LA TERRE   77

Conseils pratiques pour contaminer les vers blancs et les hannetons et pour établir des foyers d'infection dans les champs   82

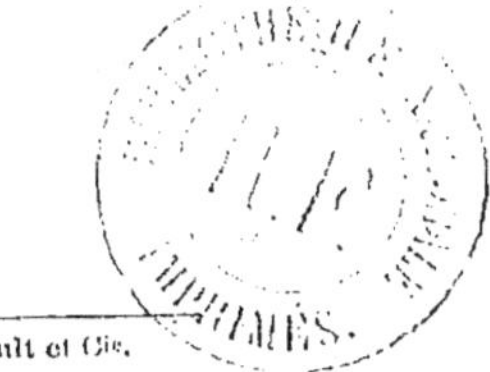

Nancy imp. Berger-Levrault et Cie.

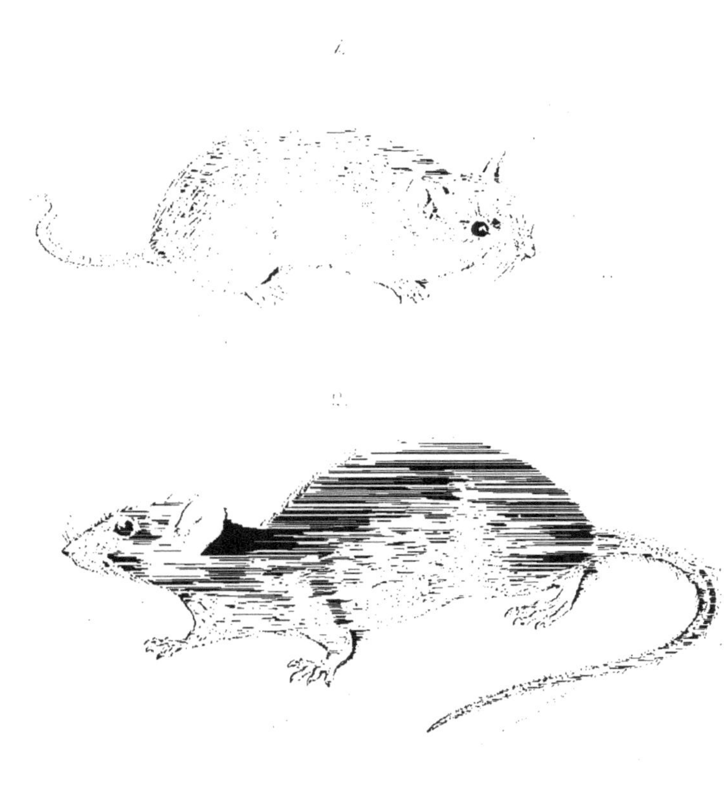

1. *Mulot (Mus sylvaticus), aux ²⁄₃ de grandeur naturelle.*
2. *Rat noir (Mus rattus), au ²⁄₃ de grandeur naturelle.*
3. *Surmulot (Mus decumanus), au ²⁄₃ de grandeur naturelle.*

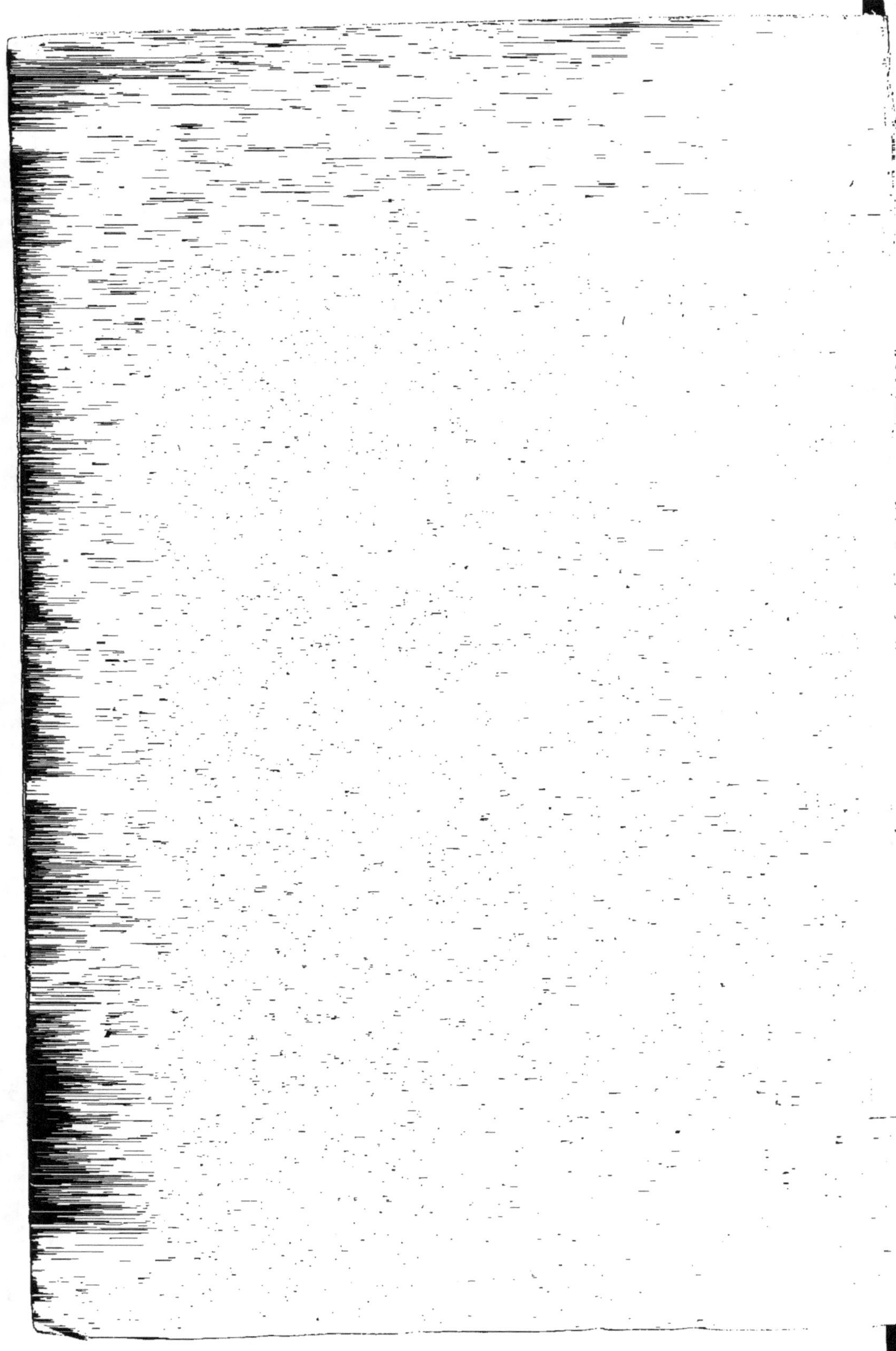